Gerhard Groß

Faszination Dominikanische Republik

Aufzeichnungen eines Botanikers

Faszination Dominikanische Republik

Faszination Dominikanische Republik
Aufzeichnungen eines Botanikers
von Gerhard Groß

Covergestaltung: Bernd Paulus
Fotos Umschlag: Gerhard Groß

Bibliografische Informationen der Deutschen Nationalbibliothek:
Die Deutsche Nationalbibliothek verzeichnet diese Publikation in der Deutschen
Nationalbibliographie; detaillierte bibliografische Daten sind im Internet über
http://dnb.dnb.de abrufbar.

Herstellung und Verlag: BoD – Books on Demand, Norderstedt

ISBN: 978 3 7578 1409 0

Gerhard Groß

Faszination Dominikanische Republik

Aufzeichnungen eines Botanikers

Vorwort

Der Autor setzte im Januar 1985 seinen Fuß zum ersten Mal als Entwicklungshelfer des Deutschen Entwicklungsdienstes auf die Insel. Er arbeitete jahrelang in der Naturschutz-Abteilung des Landwirtschaftsministeriums und später bei einer regierungsunabhängigen Institution. Begeistert von der botanischen Vielfalt, die charakteristisch ist in den vor allem feuchten Tropen, beschreibt er Streifzüge, die ihn und seine Begleiter in entlegene, zum Teil vorher noch nie erforschte Regionen führten.

Die vorliegenden Ausführungen basieren auf umfangreichen Aufzeichnungen, die im Jahr 1985 im Südwesten des Landes begannen und gegen Ende der neunziger Jahre mit der Erforschung von Feuchtwäldern der „Cordillera Septentrional" ihren Höhepunkt erreichten. Der geneigte Leser ist eingeladen, teilzunehmen an den Reisen in eine fremde, wunderschöne Welt. Vielleicht lässt er sich verzaubern von der Vielfalt und Schönheit der tropischen Flora.

Aber auch dieses schöne und liebenswerte Land ist von den Schattenseiten des modernen Fortschrittsdenkens und einer für Schwellenländer nicht immer förderlichen Globalisierung nicht verschont geblieben. Massentourismus und industrielle Landwirtschaft haben ihre Spuren hinterlassen. Umweltschäden haben örtlich zu gravierenden Veränderungen geführt. Der Einfluss fremder Industriestaaten mit ihren spezifischen Interessen ist inzwischen deutlich sichtbar.

Dennoch gibt es für den aufgeschlossenen und an der Natur interessierten Wanderer überraschend viele Zonen, deren biologische Vielfalt noch berauschend ist. Und ein Grund, immer wieder zurückzukehren in dieses wunderschöne Land.

Poetische Formulierungen wurden nicht selten von der Kraft der Meereswoge beflügelt und stammen ausschließlich aus der Feder des Verfassers. Die geografische Darstellung erfolgte unter Verwendung von Google Maps.

Kehl am Rhein, anno 2023

Gerhard Groß

So fing es an...

Wir schreiben das Jahr 1985. Ein Regierungswechsel im Nachbarstaat Haiti alarmiert die Offiziellen der Dominikanischen Republik. Die Grenze wird gesperrt. Das schießwütige dominikanische Militär meuchelt haitianische Kuhhirten, weil sie offensichtlich Milchkannen transportieren und Milch über die Grenze schmuggeln. Die Grenze ist der „Rio Masacre" bei Dajabon, der ohnehin, zu Trujillos Zeiten, eine makabre Rolle im Geschichtsbuch der Dominikanischen Republik spielt. Diktator Trujillo, der damals seinem Gesinnungsgenossen Hitler den Krieg erklärte, worauf dieser angeblich sich auf der Weltkarte die Insel zeigen ließ und sie wütend mit einem Stift ausradierte.

Ich arbeite seit etwa einem Monat als Entwicklungshelfer des Deutschen Entwicklungsdienstes im "Departamento Vida Silvestre", das ist eine dem Landwirtschaftsministerium untergeordnete Abteilung, die sich der Erforschung schutzwürdiger Räume widmet. Die Arbeit ist sehr komplex. Man erwartet eine, wie der Bayer sagt, eierlegende Milchsau, die den vielfältigen Aufgaben gerecht werden soll. Zum Glück habe ich als Vorgänger den Deutschen Jürgen, dessen jahrelange Erfahrung sehr hilfreich ist. Dazu kommen liebenswürdige einheimische Kollegen aus der Fachabteilung des botanischen Gartens, dessen umfangreiches Herbarium Seinesgleichen im karibischen Raum sucht.

So eine Arbeit im Landwirtschaftsministerium ist aus vielerlei Aspekten äußerst interessant. Man lernt schnell, dass Etikette und Kleiderordnung mindestens so wichtig sind wie fachliche Kompetenz. So ist es der ältere Daniel, der mich auf meinen fehlenden Hosengürtel aufmerksam macht. Und auch die nicht glänzenden Schuhe beanstandet. Und trotzdem lädt er mich ein in sein "Patio", was man mit einem fast schrebergartenähnlichen Geländestück vergleichen könnte, wo die Ehefrau meist das Zepter führt. In seinem Falle hat er sich der Leidenschaft der Kaninchenzucht gewidmet. Er hat einen Teil seines Eigentums mit Maschendrahtzaun abgesperrt. In seiner Freizeit setzt er sich genüsslich in einen ausladenden Ohrensessel innerhalb des Auslaufs und füttert die Kaninchen. Eine Idylle mit glücklichem Mann in einer lauten Umgebung, die von eng aneinandergeklebten Häusern und Blechkarawanen in einem meeresnahen Stadtteil von Santo Domingo umgeben ist.

Die Damenwelt im Ministerium lässt sich so Manches an „outfit" einfallen. Dies betrifft Kleider, Schminke und Rosendüfte in allen erdenklichen Varianten, die von Jüngeren wie Älteren gleichermaßen getragen und aufgetragen werden. Manchmal erinnern sie an in Bändern eingewickelte, gepuderte Pralinenschachteln, wo das Gehirn nur eine sekundäre Rolle spielt. Aber man gewöhnt sich gerne daran und passt sich so gut wie möglich an. Und so entdeckt man im Laufe der Zeit zahlreiche liebenswerte Menschen, an die man sich immer wieder gerne erinnert.

Da ist der Ornithologe Thomas. Er wohnt mit seiner Mutter in einem abrissfähigen Hochhaus am Rande des „Rio Ozama". Das ist der Fluss im Ostteil der Altstadt von Santo Domingo, wo einst Kolumbus mit seinen Gefährten den Anker warf. Thomas ist der einzige Frühaufsteher unseres Kollegiums, mit dem ich, nicht selten mit der betagten amerikanischen Misses Dod, in der Morgendämmerung Vögel im Umland von Santo Domingo beobachten darf. Da ist der kompetente Botaniker Ricardo des hiesigen botanischen Gartens, der mich unermüdlich in die Geheimniswelt der dominikanischen Flora einführt. Zahlreiche neu entdeckte Pflanzenarten tragen seinen Namen. Unser Chef ist Emilio, der seine Kinderzeit im haitianischen Grenzgebiet Elias Pinas verbrachte und die haitianische Sprache beherrscht. Ein harmonisch wirkender Familienmensch, der versucht, die Mannschaft zusammenzuhalten. Betrachten wir den dicken Freddi, der sich der Untersuchung von Reptilien und Amphibien widmet. Sein Konterfei hängt wie ein stattliches Gemälde im Saal seiner Wohnung und wird von Frau und Kindern bewundert. Bemerkenswert sind seine nächtlichen, melodischen Schnarchtöne während unserer zahlreichen Exkursionen, die ich wie eine von Mozart entworfene Nachtmusik empfinde. Eine von Puerto Viejo aus geplante Bootsfahrt zu einem entlegenen Gebiet der Bergregion Sierra Martin Garcia wurde abgesagt. Auch deshalb, weil „Uns Freddi" nicht schwimmen konnte. Nicht zuletzt erwähnenswert ist der alte Manuel mit seinen im Gegensatz zu seiner Haut perlweißen Zähnen. Er ist stolzer Vater von zahlreichen Kindern, aus der man lässig zwei Fußballmannschaften ausstatten könnte. Ein kleines Männlein, dessen Frauen zum Teil als Putzhilfen im Departamento arbeiten. Soweit die Beschreibung eines Teiles meines Kollegiums, mit dem ich die folgenden Arbeitsjahre verbringe. Unsere Tätigkeit liegt vor allem in der floristischen Erforschung schutzwürdiger Zonen im ganzen Land. Ausgestattet mit zwei Geländefahrzeugen, Zelten und Kochgeschirr sind wir unterwegs.

Es ist Frühjahr im Jahre 1985. In Haiti rumort es wieder einmal. Das permanent unter Armut lebende Volk ehemaliger Sklaven ist nicht mit der Politik einverstanden, deren Drehbuch von Frankreich und Nordamerika geschrieben wird. „Baby Doc", der in die Fußstapfen seines Vaters „Papa Doc" trat, muss abdanken. Das Volk hat wieder einmal genug von der Korruptionsphilosophie dieses Familienclans. Nun, in Frankreich wird er diplomatische Aufnahme erhalten und wie ein König in einem der zahlreichen Schlösser an der Loire unterkommen.

Da die Grenze hermetisch abgeriegelt ist und nur wenige Zuckerrohr schneidende Arbeiter aus Haiti mit entsprechenden Papieren die Ernte einbringen können, muss gemäß Beschluss der Regierung zunächst die Arbeit beispielhaft von Vertretern des Landwirtschafts-Ministeriums ausgeführt werden. Sozusagen als Nachahmungsempfehlung für die dominikanische Bevölkerung. Es fahren also Busse vor, die Herren und Damen vor allem unserer Abteilung aufnehmen und sich in Richtung der Küstenstraße begeben. Dabei wissen es wohl nur die „Höheren", wohin es geht und was der Zweck dieser Reise sein soll. Im Raum Bani steigen wir aus. Dort breiten sich üppige Zuckerrohrfelder bis nach Barahona und noch viel weiter aus. In der Nähe werden wir Zeuge eines Vorganges, der sicherlich gewöhnlich im hier alltäglichen Tagesverlauf ist: ein Ochse liegt fast regungslos im Feld und ist ein Teil von Zugtieren, die einen mit Zuckerrohr beladenen Karren ziehen sollen. Der Ochse wird mit einer lanzenartigen Stange malträtiert. Er steht auf und zieht mit seinen Artgenossen den Karren. Zwanzig Haitianer und ihr hellhäutiger dominikanische Boss, der eine Pistole trägt, betrachten mit uns das ungewohnte Schauspiel. Er gibt den Haitianern zu verstehen, dass jetzt gearbeitet werden muss.

Was sich dann vor unseren staunenden Augen abspielt, ist ein Tanz von schwarzen Pantern in der Mitte eines riesigen Zuckerrohrfeldes. Die zum basalen Teil der Zuckerrohrpflanze führende Armbewegung mit der schlagenden Machete folgt dem Rhythmus der Hüfte. Zuckerrohr (Saccharum officinalis, Poaceae) ist ein Hochgras. Die Pflanze lagert Stärke ein und wandelt diese, insbesondere in den unteren Teilen, in Saccharose um. Nach oben hin nimmt der Zuckergehalt ab. Das Kappen der oberen Pflanzenteile erfolgt durch das Auspendeln der zunächst nach unten gerichteten Drehbewegung.

Während der französischen Kolonialzeit wurde Haiti in ein riesiges Zuckerrohrfeld verwandelt. Der ausgepresste Saft wurde in mit Holz befeuerten Trocknungsanlagen raffiniert. Rumfabriken mit großen Schloten entstanden. Durch den riesigen Bedarf an Brennholz wurden ganze Waldlandschaften gerodet. In den Regenzeiten führten Wassererosionen zu irreversiblen Schäden, deren Spuren bis heute zu erkennen sind. Zucker ist süß für feine Gesellschaften. Er ist bitter für jene tropische Länder, in denen er in übertriebenem Maße angebaut und exportiert wird.

Jeder von uns bekommt eine Machete in die Hand. Dabei werden wir informiert, wie man Zuckerrohr schneidet, ohne sich selbst oder andere zu verletzen. Nach weniger als einer Stunde lässt die Begeisterung nach. Die Sonne brennt auf eine eher dem Schatten angepasste Kleidung. Die Stöckelschuhe der Damen kneifen und bohren sich in den Ackerboden. Viele setzen sich ob der ungewohnten Arbeit schon nach wenigen Minuten in den wohltuenden Schatten, aus dem unser Chef Emilio nunmehr heraustritt. Unter dem Blitzlicht von Reportern erschlägt er eine einzige Zuckerrohrpflanze. Seine Aktion erscheint später in einer Tageszeitung. Nach dem Motto: die dominikanische Nation kann ihre Zuckerrohrernte selbst bewältigen.

Nach einer Stunde, als nur noch wenige Idealisten von uns die Machetenhand schwingen, kommt ein Militärfahrzeug und versorgt uns mit Essen und Trinken. In den gewohnten Plastikbehältern wird Reis mit Bohnen und Hähnchen angeboten. Dazu bekommt jede Person eine Flasche Trinkwasser. Natürlich kümmert sich kein Mensch um die Entsorgung. Der Abfall verbleibt im Meer der Zuckerrohrfelder. Zucker ist süß. Aber seine Geschichte ist bitter. Mit gemischten Gefühlen reisen wir ab, zurück nach Santo Domingo.

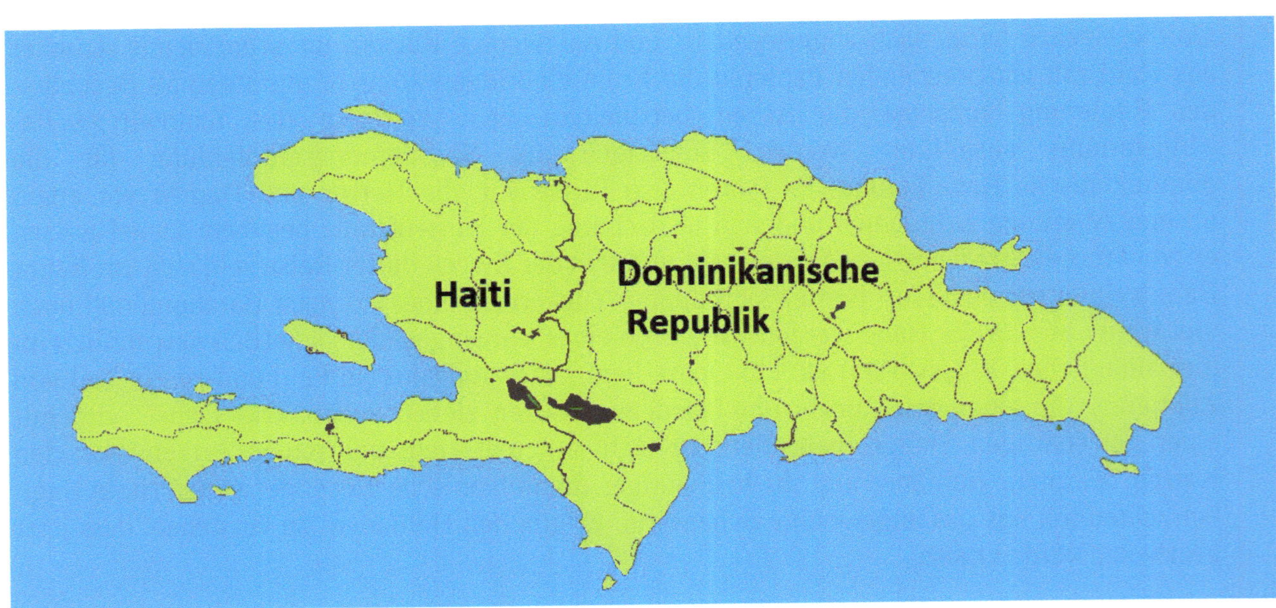

Die karibische Insel Hispaniola mit Haiti und der Dominikanischen Republik

Santo Domingo und seine Umgebung

Es handelt sich um eine der ältesten Städte in der Karibik. Sehenswert ist die Altstadt (Zona colonial) mit zahlreichen Gebäuden aus dem 16. Jahrhundert. Für den Reisenden am Tag ist ein Gang durch die „Conde" zu empfehlen. Die Straße beginnt am „Parque Independencia" mit einem Denkmal der Honoratioren der Staatsgründung und einem adulten Exemplar des

Kanonenkugelbaumes (Couroupita guianensis, Lecythidaceae) und endet am Fluss Ozama. Dort hatte Kolumbus im Jahre 1492 seine Schiffe angetäut. In der Nähe liegt die große, alte Kathedrale. Die erste, die in der Neuen Welt errichtet wurde. Sehenswert hier sind auch die Jahrhunderte alten Gummibäume mit Tausenden von Luftwurzeln. Es handelt sich um Ficus religiosa, eine Moraceae. Seine endemische Heimat ist Indien, und er wird dort als Götterbaum verehrt. Diese imposanten Persönlichkeiten unter den alten Bäumen kann man auch an anderen kirchlichen Bauten in der Altstadt bewundern. Angehörige ihrer Familie finden sich in recht unterschiedlichen Arten in den montanen Feuchtwäldern und im Nationalpark „Los Haitises". Einige von ihnen sind als Würgefeigen bekannt, die mit ihren zunehmend dem sekundären Dickenwachstum unterliegenden Luftwurzeln andere Bäume umarmen, um diese langfristig zu erwürgen.

Stellen wir uns die Altstadt in den achtziger Jahren im Küstenbereich am Wochenende vor: Die Nacht bricht an. Der „Malecon", die Küstenstraße, schäumt. Autos fahren im Schritt-Tempo, weil die Gehsteige für die wachsende Menschenmenge zu klein sind. Autos, das waren damals meist fahrende Blechdosen mit oder ohne Türen und abgefahrenen Reifen. Dazwischen immer wieder Pferdekutschen für den zahlenden Touristen, wie in Wien. Nur, in Wien riechen die Pferde anders.

In dieser Zeit konnte auch der bescheidene Mittelstand sich noch einen fahrbaren Untersatz mit oder ohne Schutzblech oder Scheinwerfern leisten. Er konnte teilnehmen an den Musikfestivals zwischen „Feria" und dem Hafenbereich im Südosten der Stadt. Die kleinen Restaurants mit ihren flinken Kellnern waren gut besucht und erfreuten die Gäste mit kleinen Orchestern und gut aussehenden Sängerinnen. Für weniger Betuchte sorgten die Würstchenverkäufer mit ihren „Jimmi Churys" auf den Gehsteigen. Fliegende Händler mit Dreirädern verkauften Wasser, Bier und Rum. Die Küstenstraße war der Versammlungsort für lachende und tanzende Menschen am Wochenende. Lachen und Tanzen als Ausdruck für das Bejahen des Lebens, welches das Joch der Arbeit der vergangenen Tage abstreifen möchte. Die Rumflasche und das Domino-Spiel, Musik und Tanz als Medium, wenigstens für das Wochenende die Härte des Arbeitsalltags zu verdrängen.

Wer sich als Tourist in solche lebensfrohen Massenveranstaltungen hineinstürzt, lässt sich gern anstecken von Musik und Lebenslust. Er labt sich an Sonne und Meer und lässt sich verzaubern vom Anblick lächelnder, farbiger Blumen, die mitunter mit schlanken Beinen und Armen ausgestattet sind. Das Nachtleben ist, insbesondere an den Wochenenden, sehr interessant. An der Küstenstraße gibt es zahlreiche Bars mit auch anspruchsvoller Klaviermusik und Sängern.

Wem es am Malecon zu laut, zu überschäumend ist, besucht eine nächtliche Merengue-Bar. Merengue, der klassische Tanz der Dominikanischen Republik. Ein Konglomerat von musikalischer Energie und Texten, mitunter voll von zweideutigem Schalk und Spott und philosophischer Nachdenklichkeit. Kein Tanz für junges Gemüse. Hier dominiert die reife Frau mit dem barocken Körperschwung, in engem Kontakt mit dem dickbauchigen Galan. Je imponierender die Körperfülle, desto mehr Beifall wird dieser wallende Tanz von seinem begeisterten Publikum erhalten. Da kann der Wiener Walzer, mit Verlaub, mit seinen steifen Etiketten nicht mithalten.

Jedoch betrachten wir einmal den Arbeitsalltag in einem der zahlreichen Läden, wo Verkäufer arbeiten und ihre hartes Brot verdienen müssen. Ohne den Schutz von Gewerkschaften, die auf Tarife und die Arbeitszeiten achten. Krank dürfen sie nicht werden ohne Versicherung und

Kündigungsschutz. Wie aus dem Ei gepellt wartet der Schuhverkäufer mit seinem weißen Hemd am Eingang einer internationalen Schuhverkaufskette auf Kundschaft. Über zehn Stunden täglich einschließlich Samstag. Und wenn er keine Wohnung von seinen Vorfahren geerbt hat, haust er nächtens in einem Zimmer, nicht selten mit anderen, die sich eine Toilette mit Dusche teilen. Und in diesen Verhältnissen leben noch die Privilegierten in den vielschichtigen Lebensformen, die man als die luxuriösen Eingangspforten der Katakomben der Armut nennen kann. In den unteren Etagen, deren geheime Schächte virtuell ganze Kontinente verbinden, leben Unzählige in dieser Stadt. Tagsüber steigen die noch Fähigen hoch und nehmen – nicht selten als Tagelöhner – teil an der Sonne und den Klängen der Musik. Klänge der Musik und tanzende Menschenleiber. Sie sind die bezaubernde Tünche, die das Antlitz der Armut schminkt.

Armut

Tanz, Morena, tanz!
Hinter dem dunklen Vorhang jammert das Kind und kann nicht schlafen.
Der Freier lächelt und bringt Geld. Morgen, Morena, wird alles besser.

Trink, Morena, trink!
Der Becher winkt und die Musik ist gut und laut; und verdrängt Hunger und Leid.
Der Freier lächelt und bringt Geld. Morgen, Morena, wird alles besser.

Sing, Morena, tanze und sing!
Träume von den weißen Schiffen im Hafen.
Der Freier lächelt und bringt Geld. Morgen, Morena, wird alles besser.

Komm, Morena, komm, singe, trinke und tanze!
Der Mond glänzt wie ein goldener Becher in der Lagune.
Morgen, Morena, wird alles besser.

Aber in ihren finstersten Gewölben darben jene, deren Schicksale im Schmelztiegel vom Hammerschlag des täglichen Lebens zermalmt werden. Sie jammern und klagen nicht, niemand meißelt ihre Namen in einen Stein. Und die wirtschaftliche Situation dieser Menschen hat sich auch in den neunziger Jahren nicht verbessert, auch wenn das Stadtbild insbesondere im Osten ein völlig anderes geworden ist. Unter Präsident Balaguer wurden ganze Armenviertel, Barios genannt, abgerissen und mehrstöckige Häuser gebaut. Doppelstöckige Straßen nach amerikanischem Muster verbesserten die chaotische Verkehrssituation. Und mit welcher Arbeitskraft, welchem Schweiß wurde das Ganze realisiert? - Mit dem fleißigen, arbeitswilligen Haitianer.

Der Malecon wird zunehmend von riesigen Hotelbauten mit Casinos geprägt, aus denen der Mittelstand herausgeprügelt wurde. Der fliegende Händler und das Kutschenpferd, die Musikantengruppen und der Jimmi Chury, alles, was einer aufkommenden Geschäftslobby Konkurrenz macht, wurde von der einst so malerischen und vielschichtigen Straßenszene verbannt. Noch bevor die Engländer Hongkong verließen, kam eine große Einwanderungswelle von Chinesen in das Land. Überall wurden chinesische Küchen aus dem Boden gestampft. Mittlerweile ist die Hauptstraße „Duarte" im Bereich des Enriquillo-Parkes zu einem Geschäftsviertel angewachsen, das man in Amerika „Chinatown" nennt. Diese

Entwicklung ist inzwischen auch in anderen Städten festzustellen. Und für den Dominikaner wird es schwieriger, noch einen Krämerladen, hier „Colmado" genannt, zu finden, wo er klönen und seinem geliebten Domino-Spiel nachgehen kann.

Die Touristenstraße Conde liegt zwischen dem Unabhängigkeitspark und dem Mündungsgebiet des Rio Ozama. Folgt man dem Fluss gegen die Strömung, so erreicht man bald die alte Stadtmauer mit dem „Plaza de Espana" mit dem „Alcazar de Colon", einem Gebäude, das der Sohn von Kolumbus erbauen ließ. Von hier aus geht der Blick über den Fluss und bleibt in der Ferne an einem gewaltigen Bauwerk hängen, welches Präsident Balaguer im Jahre 1992 einweihen ließ: dem „Pharo Colon". Ein monumentaler Leuchtturm mit gewaltigen Laser-Kanonen, deren Strahlung nächtens – man erzählt es – manchmal selbst von der nicht weit entfernt liegenden Insel Puerto Rico noch zu sehen ist. In einem feierlichen Akt wurden die Gebeine von Kolumbus, die in der Kathedrale lagerten, zum Leuchtturm überführt. (Wobei das in Südspanien gelegene Sevilla auch behauptet, den kühnen Seefahrer in seinen Kirchenmauern zu beherbergen). Während der Zeremonie tauchten kleine Boote im Rio Ozama auf, mit halbnackten Studenten, die Maniok und Süßkartoffeln mit sich führten und an die Schaulustigen verteilten. Sie wollten auf die traurige Geschichte der Tainos, der Urbevölkerung, aufmerksam machen. Eine Demonstration, die viel spontanen Beifall bei der Bevölkerung hervorrief. Aber die Aktion wurde schnell von der Polizei gestoppt. Das steife Protokoll, an dem viele Honoratioren aus zahlreichen Ländern teilnahmen, duldete keine Störenfriede.

Passiert man die über den Rio Ozama führende Brücke, kann man nach einer kleinen Stunde Fußmarsch das große Salzwasser-Aquarium mit Fischen der Karibik besuchen, welches direkt am Meer angrenzt. Oder „Los tres ojos". Es sind drei von Meerwasser ausgespülte Höhlen, Habitat von Fledermäusen, Weberknechten und – selten – Vogelspinnen. Diese interessanten Naturschöpfungen erinnern uns daran, dass Santo Domingo auf Korallenriffen steht, die, vom Meer aus betrachtet, in mehren Stufen nach oben gehen. Im Stadtpark „Mirador" kann man die Oberfläche dieser Jahrmillionen Jahre alten Formationen bewundern.

Der botanische Garten

Es lohnt sich, diese vor allem im großzügigen Eingangsbereich gestalterisch wunderschöne Anlage im nördlichen Teil von Santo Domingo zu besuchen. Hier kann sich der interessierte Besucher vom Zauber der tropischen Flora verwöhnen und berauschen lassen. So bleibt er sicherlich staunend am vermeintlichen Stamm einer Palme stehen, die nach oben hin mit abgestorbenen Blattresten garniert ist, sich dann fächerartig aufteilt und mehrere Meter lange Blattstiele mit Blättern entfaltet, die an riesige Bananenstauden erinnern. Es handelt sich um Ravenala madagascariensis aus Madagaskar, die wegen ihres außergewöhnlichen Wuchses in vielen repräsentativen Zierpflanzenanlagen der feuchten Tropen anzutreffen ist. In ihrem Schatten entfalten sich örtlich üppige, artverwandte Heliconiengewächse, denen auch Banane und Strelitzie angehören. Ihre vielfarbigen Fruchtstände sind wahre Augenweiden und betören in imponierenden Größen und Formen. Ein weiterer Höhepunkt ist die Orchis-Abteilung. Sie beherbergt fast ausschließlich epiphytisch wachsende Arten, die hier aus den einzelnen Landschaftsteilen Hispaniolas zusammengetragen worden sind. Ein Herzstück bildet das Herbarium. In gekühlten Schränken befindet sich – streng nach Familien geordnet – die umfangreichste Pflanzensammlung der Karibik.

Boca Chica

Für manche einst so romantische Fischerdörfer wie Boca Chica gilt der Satz: „Kehre niemals zu dem Ort, von dem Du dereinst schwärmtest, wieder zurück". Dennoch möchte ich ein paar Eindrücke wiedergeben, die erklären sollen, warum man als Einwohner von Santo Domingo so manches Wochenende hier verbrachte. Und dabei genügt es oft, nur am Meeresstrand zu sitzen und die Seele baumeln zu lassen.

Der Blick geht über einen gelbblühenden Strauch mit einem eigentümlichen Vanillegeschmack, der betörend wirkt. Es ist zweifelsohne ein Familienangehöriger der salztoleranten Asterngewächse, wie sie auch am meeresseitigen Rande der Andelwiesen der Nordsee vorkommen. Hier ist es „Borrichia arborescens". Der Blick schweift über das Flachwasser der wie eine riesige Badewanne wirkenden Lagune und bleibt am Riff hängen, wo sich eine mit Mangroven und Kokospalmen bewachsene Insel gebildet hat. Und wenn die Abenddämmerung kommt, taucht regelmäßig eine Schar von Fregattvögel auf. Sie kommen von irgendwo her, lösen sich aus den letzten Strahlen der untergehenden Sonne und fallen ein in das düstere Mangrovengewirr.

Am Korallenriff gibt es eine von Fischerbooten genutzte Passage zum Meer, die man natürlich auch als Schnorchler nutzen kann. Der Meeresboden ist nur wenige Meter tief. Es lohnt sich, parallel der üppigen Geweihkorallen außerhalb des Riffs zu schwimmen. Diese meterhohen Kalkgebilde sind nur noch örtlich mit einem samtigen, weichen Überzug versehen, was darauf schließen lässt, dass sie noch nicht völlig abgestorben sind, im Gegensatz zu einem Korallenriff in Strandnähe von Sosua im Norden des Landes.

Nimmt man sich ein Herz, um bis zur nächsten Abrisskante in Richtung offenes Meer zu gelangen, so kann man den Anblick größerer, grünfarbener Papageienfische genießen. Von dort aus geht es weiterhin stufenweise nach unten. Die Sicht wird trüber, und nur erfahrene Tauchergruppen, die sich in der Einsamkeit der Ozeane wohlfühlen, treffen sich dort.

Wie Treibholz liegst Du außerhalb des Riffs, dort, wo Korallentürme
wie aus Märchenbüchern stehn.
Versenkst den Blick in eine Wasserwelt, die langsam, wie ein Film, vorüberzieht.
Unmöglich, dass das Augenpaar das Meer von Farb´ und Form in der erlebten Pracht
so deutlich weitermelden kann, dass es wie Bilder in der Seele bleibt.

Dann, schemenhaft, verdunkelt sich der blaue Wasserhorizont:
Ein Schwarm von Doktorfischen drängt herein, dort, wo die Korallenbank zur Tiefe flieht.

Und in den kraterart´gen Löchern, die, manchmal höhlengleich,
den Blick nur mühsam in das Inn´re lenken, da glitzert es und blinkt.
Und große Augenpaare leuchten im Dunkel dieser eigenart´gen, fremden Welt.

Aber auch in den ruhigen Zonen der Lagune kann man im Riffbereich auf seine Kosten kommen. Selbst der Skorpionfisch kommt hier vor und erinnert den Schnorchler daran, sich mit Schuhen ins Milieu zu begeben. Auch meterlange Seeschlangen kann man bisweilen beobachten, die, den Schwanzteil voraus, in Höhlen verschwinden. An Schnecken kommt hier die kleine, hellmarmorfarbene „Oliva" vor. Und zwischen den Stelzwurzeln der Mangroven ist die Palette von kleinen Fischen und Krebstieren überraschend hoch.

Manchmal steht die Wolkenbank wie eine dunkle, drohende Barriere am Himmel. Eine frische, labende Brise lässt drüben am Riff die Schaumkronen tanzen. Die regenempfindlichen Menschen flüchten von den grün gestrichenen Holztischen, die unter den Kokospalmen stehen und drängen sich unter die schützenden Dächer der Strandrestaurants. Dann bricht die Sonne wieder durch, ohne dass sich die gewaltige Wolkenbank stärker verändert, und weiter geht das pulsierende Leben. Fliegende Händler verkaufen Holzgeschnitztes und Ketten aus winzigen Muscheln. In Eimern werden Krebse, Meeresschnecken und Tintenfisch angeboten. Merengue-Kapellen versuchen, ihre Musik an wohlwollendes Publikum zu verkaufen und kämpfen mühsam gegen die potenten Geräuschkulissen der zahlreichen Kofferradios an. Ein fast zahnloser Zauberer tritt auf und fasziniert das gaffende Publikum mit Fäden, die er sich durch die Nase zieht.

Die Wolkenbank verliert zunehmend ihre Konturen und löst sich in ein düsteres Grau auf. Aber nur landseitig. Dann kommt die Regenwand vom Meer heran. Die schweren Tropfen, einzeln zunächst als Vorhut, peitschen mehr und mehr die Wellen und erreichen den Küstensaum mit den nach Schutz suchenden Menschen. Und darüber am Riff stürzt ein mövenähnlicher Vogel senkrecht ins Meer.

Unvergesslich sind die romantischen Abend- und Nachtstunden abseits der lauten Szene in den zahlreichen Bars und Restaurants. Die laue Meeresbrise, die Musik der Baumfrösche und der glühenden Nachtinsekten unter der Kulisse der sich zum Meer neigenden Kokospalmen wirken seelentröstend und beruhigend. Kann man an so einem herrlichen Ort sich schlafen legen wie die Reiher und Fregattvögel? - Der nächtliche Strandwanderer genießt das beruhigende Geräusch der stetig auflaufenden Wellen und die kaum vernehmbaren spitzen Schreie der Fledermäuse.

Wenn im seichten Wasser der Lagune der Zauberer erscheint,
dann kommt die Nacht.
Und tausendfach dann funkeln sie, die Sterne
und spiegeln sich im Widerschein des Schaums, der auf den Wellenkronen tanzt.

Sanft trägt der Südwind her den Rhythmus von der Trommel, von Gesängen.
Es tanzt die Nacht.
Noch tönt der Laut der Unke aus dem Mangrovenwald,
in dem ein Heer von Musikanten spielt.

Dann, horch, wird's still. Der Zaub´rer hat den Tanzstab abgebrochen
und alles sinkt ins Nebelfeld des Schweigens,
das bis zum grauen Morgendämmern reicht.

Und nur der Mond ist´s, der die Runde macht und wie ein Lampengott zur Erde grinst.
Dann geht auch er.

Nun deckt das Schleiertuch des Schweigens und der Dunkelheit das Wellenfeld.
Und auch der Zaub´rer schläft.

Aber paradiesisch anmutende Idylle verlieren, wenn sie von Immobilienbarschen und anderen Spekulanten entdeckt werden, schnell ihre Unschuld. In den achtziger Jahren sah man zahlreiche eingezäunte Grundstücke, die zum Verkauf angeboten wurden. Überall tauchten Schilder mit der Aufschrift „Se vende" auf. Dabei gab es überhaupt nichts zu verkaufen, da die Anbieter keine Eigentümer waren. In diesem vermeintlichen Niemandsland wurden willkürlich Parzellen angelegt, viele davon mit kniehoch gemauerten Zementblöcken, die den Appetit zu einem Fortführen der Baukörper anregen sollten. Hochkonjunktur für dominikanische Bauernfänger, wo so mancher von einem Grundstück am karibischen Meer träumender Tourist wie ein hungriger Fisch ins Netz ging. Heute ist Boca Chica ein Touristenwimmelort. Die vom Korallenriff begrenzte Lagune wird als die größte Badewanne der Welt vermarktet. Aus dem früheren Naherholungsgebiet für viele einfache Familien aus der Hauptstadt ist eine Hochburg für Prostituierte und Touristen, Nepper und Taschendiebe geworden.

Teil I: Der Westen
Der südwestliche Teil

Die abenteuerliche Reise startet in Santo Domingo. Von dort aus geht es, in westlicher Richtung, immer an der Südküste entlang, nach Bani und seinen Dünen, bevor Azua erreicht wird. Dort verweilen wir nicht in der Stadt mit dem schönen Park, sondern streben dem nahen Meer zu. Danach besuchen wir das Fischerdorf Puerto Viejo und seine benachbarten Mangrovenzonen. Von dort aus genießen wir den Blick auf einen Höhenzug, der zwischen Azua und Barahona liegt: die Sierra Martin Garcia. Sie wird später ausführlich beleuchtet werden. Der Bucht von Neiba statten wir einen Besuch ab. Dann geht es weiter zur größten Lagune des Landes, Laguna Rincon de Cabral. Nach der malerischen Küstenstadt Barahona führt uns ein botanischer Streifzug zum Rio Baoruco mit seinem wilden Kerbtal, bevor wir uns auf die lange Reise nach Oviedo mit seiner in Meeresnähe gelegenen Lagune aufmachen.

Die Sierra Baoruco erobern wir, bevor wir in den tektonischen Graben mit seinem Salzsee, dem Lago Enriquillo, hineinstürzen, um seine vielfältigen Geheimnisse in den Bereichen der Biologie, Geologie und Naturhistorie zu erforschen. Nach einer Exkursion in die Sierra de Neiba schließt der südwestliche Teil.

Die Trockenwälder und die Dünen von Bani

Insbesondere der Westen der Dominikanischen Republik ist die Heimat der Trockenwälder. Sie kommen in unterschiedlichen Sukzessionsstadien und Erscheinungsformen vor. Vor allem aber sind sie gezeichnet von der Abholzung. Das heißt im Klartext, dass die dominikanischen Trockenwälder am Sterben sind. Da die ländliche Bevölkerung von Holz und Holzkohle abhängig ist, wirkt der fleißige Arm des Köhlers und ist dort an den schon in der Ferne unschwer sichtbaren zahlreichen Rauchsäulen zu erkennen. Wenn der Anteil von Sukkulenten wie vor allem Kaktusgewächse hoch ist, muss dies nicht zwangsweise als natürliche Entwicklung betrachtet werden. Vielmehr ist es das Fehlen des wachstumsgünstigen Mikroklimas, das einer Wiederbesiedlung der früheren natürlichen Vegetation im Wege steht und so die Entwicklung besser angepasster Pflanzenarten begünstigt. Eines von zahlreichen Beispielen dafür ist die Umgebung des Lago Enriquillo. Gab es in den neunziger Jahren noch zehn Meter hohe Bäume wie Catalpa altissima, eine Bignoniaceae und Simaruba berteroana (Simarubaceae), so findet man heutzutage vorwiegend noch Gebüsch-Stadien aus der Familie der Mimosaceae. Selbst die an der rötlichen Rinde unschwer erkennbare Bursera simaruba (Simarubaceae), ein Baum, den der Köhler früherer Zeiten hochnäsig stehen ließ ob seines geringen Brennwertes, ist aus vielen Trockenzonen verschwunden.

Dennoch gibt es für den Botaniker örtlich noch attraktive Zonen, die sich, von Santo Domingo her kommend, ab San Christobal mit ihren zunächst sanften Hügeln abzeichnen. Da ist der als „Eisenbaum" bekannte Kleinbaum Guaiacum officinalis (Zygophyllaceae) zu erwähnen, der schon von weitem durch seine kugelförmige Krone und dem lebhaft grünen Laub zu erkennen ist. Jeder sechs Meter hohe Baum dieser Art müsste als mehrere Jahrhunderte alte Art als streng geschütztes Naturdenkmal gewürdigt werden. Es ist eine Tragödie, dass dieses edle und äußerst langlebige Gehölz lediglich als Objekt für Holzkohle oder schnöde Manufaktur betrachtet wird. Erschütternd.

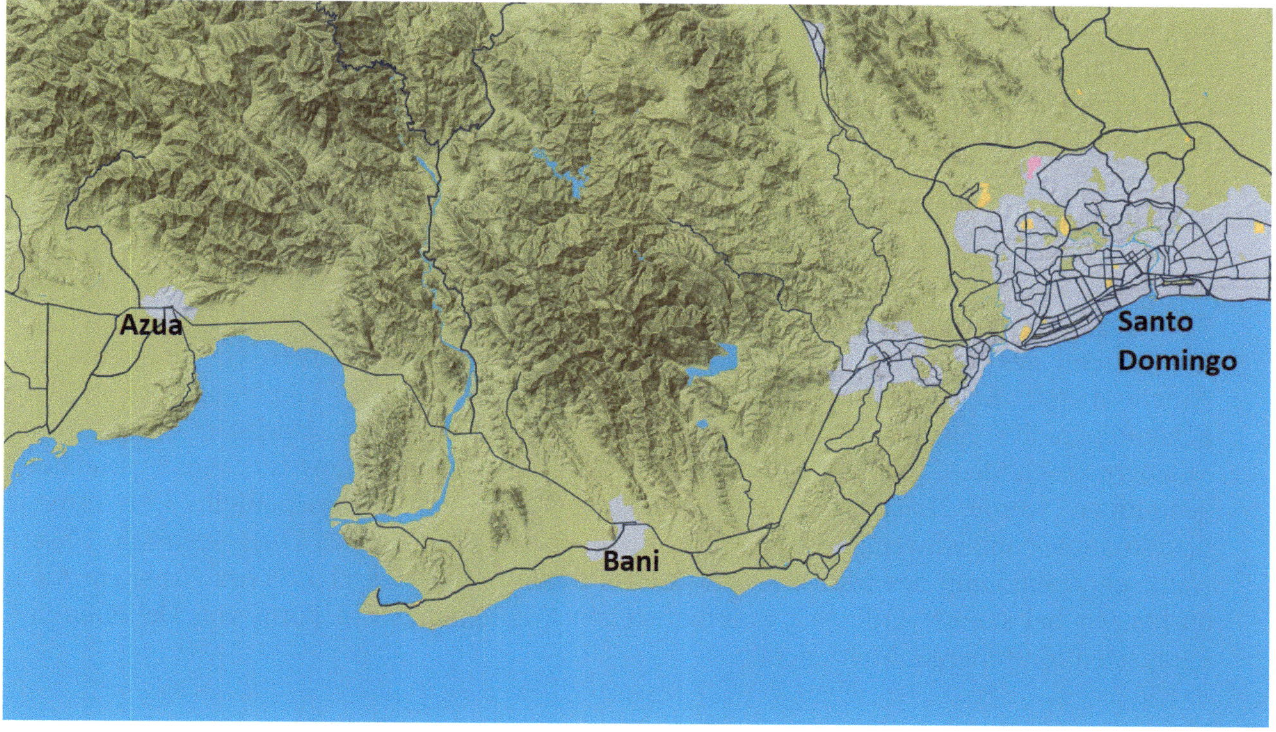

Küstenlandschaft zwischen Santo Domingo und Azua

An der Piste zwischen Bani und Azua gibt es Dörfer, wo das Jahrhunderte alte Holz dieser Baumart als „Pilon", als Mörser hergestellt und gehandelt wird. Dabei wird das gedrechselte und ausgehöhlte Stammholz mit dem dazu gehörigen Stößel angeboten. Seit den neunziger Jahren steht die Baumart endlich unter strengem Schutz, vergleichbar mit dem Mahagoni-Baum. Diese Art, Swietenia mahagoni aus der Familie der Meliaceae, endemisch im Neiba-Gebirge, kommt dort, einst stolz großflächig ausgebreitet, heute nur noch in bescheideneren Zonen vor.

Im Areal findet sich, wohl verwildert, auch Anacardium occidentalis (Anacardiaceae). Die Frucht dieses kleinwüchsigen Kugelbaumes ist als Nuss unter dem Begriff „Cashew" im Handel bekannt. Aber nur die Nuss. Sie findet sich unter einer apfelförmigen Scheinfrucht, die man wie einen saftigen, leicht säuerlich schmeckenden Apfel genüsslich essen kann.

Örtlich bemerkenswert ist das starke Auftreten der Sukkulenten als Folge zunehmender Zerstörung der Gehölzwelt. Als kleinwüchsige Kakteenart dominiert stellenweise in den unteren Krautschichten Cylindropuntia caribaeae. Ein nicht selten aufdringliches Gewächs mit roten, ovalen, stacheligen Früchten und vor allem mit winzigen Widerhaken versehen. Bei weidenden Ziegen, bisweilen auch Kühen, geraten sie an Füße und Fell und werden so weiter verbreitet. Säulenförmige Arten wie Cereus dif. spec. und eine baumartig wirkende Opuntie sind nicht selten. Die einem Schwiegermuttersitz optisch nahe kommende Art wie Melocactus mit langen Stacheln, mit Anpassung an heiße, trockene Zonen, tritt hier vereinzelt auf.

Die Vogelwelt ist erwähnenswert. Aber nicht für den geräuschvoll Durchstreifenden. Nur Jene mit den lautlosen Tatzen und dem Beobachtungsvermögen einer Wildkatze können die avifaunistische Vielfalt genießen. Sich hinsetzen, die Seele des Ambientes erkunden, den Blick auf die unmittelbare Umgebung konzentrieren: dann wird man fündig werden. Vögel, die zuvor durch den Schritt des Forschers aufgeschreckt wurden, finden sich wieder ein. Auch zahlreiche Anolis-Echsen huschen plötzlich die Gehölze hoch. Düfte, Geräusche werden nunmehr wahrgenommen und entführen den neugierigen Beobachter in diese geheimnisvolle Welt.

Fragmente von Trockenwäldern finden sich auch in den nahen Dünenfeldern von Bani. Aus ökologischer Sicht sind sie für die Stabilisierung der küstennahen Dünen wichtig. Um sie zu besuchen, nimmt man die von Bani aus gehende Nebenstraße in Richtung Las Calderas. Dort stößt man auch auf Salinen und benachbarte Mangrovenzonen. Im Jahre 1985 besuchten wir als Vertreter des Landeswirtschaftsministerium die Gegend und wurden von aufgebrachten Arbeitern mit Schaufeln bedroht, die um ihre Existenz als Tagelöhner im Dünen-Schaufelparadies fürchteten. Doch bald legte sich die Spannung, nachdem die von den Männern geschilderte Lage mit verständnisvollem Kopfnicken von unserer Seite zur Kenntnis genommen wurde. Lastwagen um Lastwagen wurde emsig beschaufelt. Der örtliche Stadtkommandant schwenkt hier als Lokalmatador und Politiker den Dirigentenstab. Unsere Naturschutzabteilung des Ministeriums hat das Recht auf wissenschaftliches Arbeiten. Auch dürfen wir bei schutzwürdigen Landschaftsteilen Empfehlungen in Form von Dekreten und Paragrafen formulieren. Mehr nicht.

Azua und Puerto Viejo

Azua ist eine der ältesten Siedlungsgründungen des Landes. Im Zentrum, vor Erreichen des städtischen Parks, führt eine Staubpiste ans Meer. Als Fußgänger überwindet man die von Trockenwaldresten und Zäunen umsäumte Strecke in einer guten Stunde, bis das malerische Gestade mit Übernachtungshütten und kleinen gemütlichen Strandbars erreicht wird. Ein traumhafter Strand entlohnt den Wanderer für das nur gelegentliche Angebot von Dusche oder elektrischem Strom. Ein herrliches Ambiente für zahlreiche Exkursionen. Nächtens, mit Taschenlampe bewaffnet, kann man in den von einzelnen Mangroven überstellten Flachwasserbereichen Kleinfische unterschiedlichster Arten beobachten. Diese Kinderstube beherbergt Pfeilhechte und Trompetenfische, die harmonisch mit zahlreichen anderen Arten in den nahe anstehenden Korallenzonen zusammenleben.

Nicht weit vom Küstensaum begrüßt uns eine sonnendurchglühte Trockenvegetation auf erhabenen, substratarmen Felsen, vorwiegend aus Kaktusgewächsen und Dornensträuchern. Anolis-Echsen huschen im Laub. Ein Kolibri sitzt in seinem aus Erdreich zusammengesetzten Nest, das in den Zweigachseln eines Plumeria-Strauches klebt. Hunderte von Schmetterlingen. In der Ferne, an einer schäumenden Riffkante im Meer, erkennt man schnorchelnde Fischer mit Harpunen, die dem Oktopus nachstellen.

Soweit der Stand im Jahre 1986. Es ist zu hoffen, dass der industrielle Tourismus nicht alle Orte, wo die Bevölkerung zusammen mit dem Einzeltouristen ihren Freizeitspaß verbringen kann, entdeckt.

Die Umgebung wirkt gemütlich. In der vom Meer geprägten Küstenlandschaft spielen Kinder das von Amerika herübergeschwappte Baseballspiel. Mit einfachen Stöcken und kleinen Stoffkugeln. Halbwilde Hühner laufen dazwischen, ewig auf der Suche nach etwas Pickbarem.

Vor uns liegt eine kleine, von Inseln umsäumte Bucht. Auf dem schlickigen Boden haben sich nur vereinzelt Salzpflanzen-Polster entwickelt, meist von Batis maritima geprägt. Sie erinnert morphologisch an den obligatorischen Halophyten namens Queller im ostfriesischen Watt. Zum Meer hin erhebt sich eine Mangrovenwand. Sie beherbergt in den Monaten mir „R" auch zahlreiche Vogelarten, die als Wintergäste von Nordamerika herkommen.

Der Marsch durch Mangroven ist nicht leicht. Der Fuß bleibt im zähen Schlick stecken. Die Stelzwurzeln, bisweilen dicht ineinander verflochten, verwehren örtlich die Passage. Lediglich in Bereichen, wo der Köhler wütete, kann man noch durchkommen.

Die spindelförmigen Früchte der Mangroven hängen als reife Keimlinge in den Zweigen. Beim Herunterfallen bohren sie sich in den Schlick, schlagen Wurzeln und verstärken somit die wehrhafte Bastion des natürlichen Küstenschutzes. Vor allem landwärts stehen weitere Mangrovenarten wie Avicennia und Laguncularia. Vor allem letztere Art bildet flächenhaft Luftwurzeln, die wie riesige Nagelbretter aus dem sandigen Schlick herausragen.

Wir nähern uns einer Lagune, die von quadratkilometergroßen Schilfrohrbeständen begrenzt wird und einen Teil jener Ebene prägt, die bis zur fernen Hauptstraße reicht, welche Azua mit Barahona verbindet. Doktorvögel (Himantopus mexicanus), dem Säbelschnäbler des ostfriesischen Küstensaumes sehr ähnlich, stolzieren im seichten Wasser.

Bis zu jener Lagune, wo wir Flamingos vermuten, ist es noch weit. Wir werden zunächst in Meeresnähe weitergehen, da wir weiter landwärts feuchte bis nasse Zonen vermuten und der Schlickboden seine Tücken hat. Dann erreichen wir den Mündungsbereich eines periodisch führenden Fließgewässers. Der ausgetrocknete Boden ist rissig und mit einer weißen Salzkruste überdeckt. Winkerkrabben mit ihren imponierenden Scheren verschwinden in den zahlreichen Sumpflöchern. Das entseelte Gehäuse einer großen Meeresschnecke (Strombus gigas) ist hier nicht selten.

Der weitere Marsch führt durch nur örtlich lückige Mangrovenzonen, deren Sonnenschirm sich schützend über uns schließt. Das verdächtig häufige Auftreten des salztoleranten Farnes Agrostichum spec. lässt Schlüsse auf die örtliche Holznutzung des Menschen zu. Im grünen Halbschatten geht es mühsam weiter. Knöcheltief stehen die Füße im schlammigen Wasser. Dann stehen wir plötzlich vor einem meterhohen Korallenwall. Es sind Abertausende von

Korallenfragmenten, die das Meer anschwemmte und sich hier in den Fängen der Stelzwurzeln verhakt haben. Mühsam bewegen wir uns über die scharfkantigen Kalkformationen. Der Fuß rutscht bisweilen ab. Schmerzliche Risse und Blutergüsse bilden sich an den Knöcheln. Moskitostiche vermischen sich mit Blut, Salz und Schweiß. Wenn man sie wahrnimmt, sind Müdigkeit und Durst nicht mehr weit.

Endlich wird die küstennahe Szene offener und trockener. Der Blick geht über das Meer und bleibt an der „Punta de la Sierra Martin Gracia" hängen, dem südöstlichen Teil des Gebirgszuges zwischen Azua und Barahona. Es ist jener Teil, der noch weitgehend unerforscht ist und sich dort steil in das Meer stürzt.

Im Jahre 1986 wurde der Bevölkerung von Puerto Viejo gewahr, dass man einen größeren Hafen für das Anlegen von Gastankern aus der USA plant. Die Ängste vor möglichen Unfällen schürte Unbehagen und Protest. Aber ein Teil der Planungen war schon umgesetzt, unter anderem auch die gut ausgebaute, verdächtig geradlinige Straße in das Innere des Landes, die zur Hauptstraße zwischen Azua und Barahona führt. Demokratie, großer Bruder, läuft anders.

Das Meer schäumt
und im Wellentanz der Gischtkronen, dort,
wo das Korallenriff sich wie ein Bollwerk in die Wasserwelten frisst,
da fischt der Pelikan.

Reisen in die Sierra Martin Garcia

Zwischen Azua und Barahona gelegen, erhebt sich dieses gewaltige Kalkfelsengebirge und zwingt den Straßenbauer, diese Strecke nicht am Meer entlang, sondern in das Landesinnere zu verlegen. Das Gebirge ist ein Paradies für Höhlenforscher, Zoologen und Botaniker. Aus der Vogelperspektive grüßt, südlich davon angrenzend, eine deutlich hervorstehende Meeresbucht, die „Bahia de Neiba".

In den unteren Zonen der Sierra dominieren Trocken- und Übergangswälder in unterschiedlichen Degradierungsstadien. In den absonnigen, oberen Bereichen erkennt man noch Reste von montanen Feuchtwäldern, örtlich mit Anklängen zu Bergregenwäldern. Das Gebiet ist seit 1996 Nationalpark per Dekret, es fehlt jedoch bis heute eine verbindliche Abgrenzung bzw. ein Management-Plan (plan de manejo). Immer, wenn im Detail der Teufel steckt, wird es auf Ministerialebene stets einen Merengue-Tanz oder ein Glas Rum geben, um Dies oder Jenes zu verzögern.

Unsere Truppe – Angehörige der Naturschutzbehörde (Departamento Vida Silvestre) und der Botaniker Ricardo vom Botanischen Garten – fahren mit zwei vom Deutschen Entwicklungsdienst gesponserten Geländewagen im Juni 1985 zum ersten Mal in das Areal.

Die unteren Bereiche sind von landwirtschaftlich genutzten Flächen eingenommen, mit örtlich ausgedehnten Gebüschzonen. Der Druck auf die Holzressourcen ist vor allem in den unteren bis mittleren Zonen stark zu erkennen. Rauchschwaden künden von der emsigen Hand des Köhlers. Bulldozer haben Schneisen in die ehemals stolzen Waldzonen geschoben.

Nördlich der Bucht von Neiba liegt das wilde Gebirge, die Sierra Martin Garcia

Lastkraftwagen befördern Stämme, vorbei an offensichtlich sehschwachen Forstinspektoren mit ihren paramilitärischen Uniformen.

Unsere Reise dauert vier Tage. Ausgerüstet mit Geländewagen, Kochgeschirr und Zelten geht es los. Stundenlang geht der mühsame Marsch durch die Trockenwaldzone. In etwa 500 m Höhe treten Zeigerpflanzen des degradierten Feuchtwaldes auf. Vor allem die großblättrige, dünnschäftige und äußerst schnell wachsende Cecropia peltata aus der Familie der Cecropiaceae und der Strauch Piper aduncum (Piperaceae) drängen sich stellenweise in stattlichen Exemplaren ins Licht. Baumfarne, weltweit schatten- und feuchtliebend, grüßen gruppenweise in schluchtartigen Zonen, und die Cocothrinax-Palme wiegt ihren Schopf dünnschäftig im Wind. Dann kommen die ersten Nebelschwaden, die mit zunehmender Höhe dichter werden.

An einer Hütte machen wir Rast. Hühner scharren im Laub. Zwischen hohen, breitkronigen Schattenbäumen wie Guazuma ulmifolia (Malvaceae) und dem Brotfruchtbaum Artocarpus altilis (Moraceae) – beide mit essbaren Früchten – stehen üppige Bananenstauden und Kaffeesträucher.

Die Nacht ist kühl. Vorsorglich haben wir das Zelt mit starken Schnüren zusätzlich abgesichert, weil die aufkommende Brise immer stärker wird. Vollmond. Nur einzelnes Grillenzirpen wie eine eher schüchterne Nachtmusik. Nicht, absolut nicht verwechselbar mit jenen Konzerten, die von den Geigen tausender von Orchester-Mitgliedern der Insekten- und Amphibienwelt die Wälder von „Los Haitises" beherrschen.

Am anderen Morgen. Strahlend blauer Himmel. Ein Schwarm grüner Papageien der hier vorkommenden Art Amazona ventralis liegt im Schwirrflug laut schimpfend über den Bergen. Das Frühstück dampft in den schwarzen Kochtöpfen, die auf den glühendheißen Steinen stehen. Die Menschen hier leben vorwiegend von der Subsistenz-Landwirtschaft. Dies erkennt man an den Mischkulturen, eine für Mensch und Natur erträglichen, harmonischen Form im Bereich der Landwirtschaft.

Wir marschieren, zeitweise begleitet von Trupps menschentragender Maultiere, die schmalen, steinigen Pfade entlang. Schmale, manchmal auch schlüpfrige Pfade. Wenn der Fuß gelegentlich im Schlamm, der zwischen dem weißen Kalkstein liegt, rutscht, kann es gefährlich werden. Der Zweibeiner Mensch ist diesen Gefahren mehr ausgesetzt als das Maultier, welches hier als sicherer Lastenträger seit Jahrhunderten zwischen den Bergen wandelt.

Wir erreichen einen Gipfel. Ausgedehnte Matten breiten sich aus vor langsam sterbenden Urwaldbäumen. Gespenstisch recken sie die bereits toten, oft noch von zahlreichen Epiphyten bewachsenen Baumkronen in den Himmel.

Der Druck des Menschen ist hier allgegenwärtig. Jeder auch nur halbwegs maskuline Erwachsene trägt stolz seine Machete. Zahlreiche Bäume weisen unzählige Verwundungen, hervorgerufen durch gedankenlose Machetenhiebe, auf. Baumsterben auf dominikanisch. So, wie im afrikanischen Ruanda die Hacke als Werkzeug im Ackerbau die Landbevölkerung der Hutus ziert, so ist es hier die Machete.

Nach dem Abholzen kommt die Säuberungskur mit dem Feuer. Gemäß dem zweifelhaften Vorbild des Nachbarlandes Haiti, wo Wälder, Wasser und Boden in höchster Perfektion abgewirtschaftet wurden, wird hier vorgegangen. In Ignoranz dessen, dass dieser Urwaldboden für die Landwirtschaft total ungeeignet ist, wird kultiviert. Nachdem dann der Regen die dünne Laub- und Humusschicht, die ohne andere Bodenhorizonte auf dem Kalkgestein ansteht, von den Hängen transportiert hat, werden nomadisierend immer neuere Zonen aufgesucht.

Seufzer eines Ökologen

Düster stehen die Wolken über verbranntem Land.
Leblos die Strünke, die, fast klagend, sich schwarz zum Himmel recken.
Und hier, Bauer, willst Du also pflügen?

Lechzend die blattlose Erde und Morgentau,
den die ersten Sonnenstrahlen lecken. Land, das bald in Gluthitze stöhnt.
Und hier, Bauer, willst Du also säen?

Wie wild stürzt sich der Regen in die Rinnen,
die sich zu kleinen Bächen vereinen; abfließend dort, wo das Maisfeld keimen wollte.
Und hier, Bauer, willst Du also ernten?

Rast neben einer Hütte. Eine Frau drischt Bohnen mit einem dünnen Holzbalken. Sie verschwindet im Haus, um uns Kaffee anzubieten. Die Sonne brennt. Sie steht hoch und blickt sengend und streng auf die zum Teil kahlen Bergrücken hinab. Sterbende Baumformationen, in denen der Specht seine Feste feiert und hier – unschuldig – als Schädling betrachtet wird. Aber es gibt auch noch intakte Zonen. Je höher wir kommen, beherrschen Lianen und Epiphyten die Stämme der Baumkronen. Willkommen im Reich des „Loma Aquacate".

Es ist bereits Nacht, als wir die Zelte aufschlagen. Der Lichtkegel der Taschenlampe erfasst die Umrisse einer Vogelspinne. Wir befinden uns hier mittig auf einem Höhenzug, wo der Blick das Lichtermeer von Azua auf der einen Seite und Barahona auf der anderen Seite erfassen kann. Eine unangenehme, feuchte Frische kommt auf. Es ist die Stunde, wo die Natur ihre Musikantenheere einsetzt. Sind es tagsüber nur einzelne Vogelklänge, so ist nunmehr die Luft erfüllt vom Zirpen tausender Insekten, von zahlreichen Baumfröschen. Die halbe Nacht dauert die Musik an, die wir mit dem Vollmond und den wenigen sichtbaren Sternen geduldig am wärmenden Lagerfeuer anhören.

Wir erzählen uns Schwänke aus unseren wilden Kinder- und Jugendzeiten, von Dingen, die uns beeindruckt, geprägt haben. Ich erzähle von Tümpeln aus Deutschland, die früher Bombenlöcher waren. Von Bomben, die aus dem Himmel gefallen sind. Und in deren mit Wasser gefüllten Löchern sich eine Vielzahl von Insekten und Amphibien entwickelt haben. Und von kleinen Laubfröschen im Scharbockskraut. Damals kannte ich weder Laubfrösche noch Scharbockskraut. Aber durch das viel später aufgekeimte Interesse an der Tier- und Pflanzenwelt schlich sich so Manches in das Bewusstsein.

Ricardo berichtet, wie er über ein eher schmerzliches Erlebnis zu seinem Beruf als Botaniker gekommen ist. Als Halbwüchsiger durchwatet er einen Fluss. Riesenbäume, zum Teil mit Lianen bewachsen, stehen an seinem Ufer. Ein großer Schmetterling gaukelt trunken und ruht sich auf einem Blatt aus. Um ihn näher betrachten zu können, bewegt er sich langsam nach vorne. Der Fuß gleitet etwas im schlüpfrigen Pfad. Instinktiv sucht die Hand einen Halt an dem mächtigen Stamm eines mehr als zwanzig Meter hochragenden Baumes und zuckt wie elektrisiert zurück. Die Berührung ist schmerzhaft, motiviert ihn aber, die Gründe dafür zu untersuchen: der dicke Stamm ist übersät von dicken, spitzen Dornen.

Irgendwann kommt er wieder in diese Gegend. Er erkennt seinen alten Bekannten, den Baum und stellt fest, dass der Boden unter ihm mit flachen, rundlichen Gebilden bedeckt ist. Ein Blick nach oben bestätigt ihm, dass diese von den Ästen gefallen sind. Dort oben hängen Früchte wie kleine Wagenräder. Und in ihm wächst die Neugier, wie man diesen Baum wohl nennt. Und damit wurde die Geburtsglocke für einen neuen Botaniker eingeläutet. Einen der Besten in der karibischen Welt. Das Lagerfeuer verlöscht, und bald werden auch die Menschenlaute weniger, deren Körper in die Zelte huschen.

Der morgendliche Duft von Kaffee ist für viele eine gewichtige Motivation, den bleiernen Körper aus den Decken zu wälzen. Bis die Düfte zum Schlafsack dringen, geht geraume Zeit ins Hügelland. Die Zelte werden abgebrochen, nachdem der Magen endlich zu seinem Recht gekommen ist.

Die Luft flimmert und ist erfüllt von Insektensummen. Von Ferne hört man das Geräusch schlagender Äxte. Der Mais, der über der Asche des verbrannten Baumstammes wächst, lässt besorgniserregend die Gipfeltriebe hängen, kein Wunder. Der geringmächtige Humusboden,

den der noch vor kurzem hier anstehende Urwald schützte und bildete, wurde durch den Regen bereits stark abgeschwemmt. Der darunterliegende, löchrige Kalkfels wirkt wie ein Riesenfass ohne Boden. Das Regenwasser fließt ohne jegliche Rückhaltung unterirdisch ins Meer.

Umso mehr wohltuende Frische in den wenigen Waldzonen. Clusia- und Ficus-Arten wachsen hier häufig. Sie schützen sich vor übermäßiger Verdunstung, indem sie ihre Blätter in starke Wachsüberzüge hüllen. Typische Regenwald-Arten mit großen, zarten Blattmassen sind hier kaum zu finden.

Unser Führer hat die Orientierung verloren, und wir setzen Schritt um Schritt vorwärts in eine zweifelhafte Richtung. Endlos geht der steinige Pfad durch von Menschenhand gezeichnete Zonen, in denen verloren Maiskulturen stehen, deren Erträge von Saison zu Saison geringer, ihr Anbau zunehmend instabiler und zweifelhafter wird.

Der Marsch wird zur Qual. Die Feldflaschen sind längst leer. Der vorher aufkommende Wunschgedanke an Getränke, die auf Silbertabletts in kühlschattigen Schlossbauten von saftigen Kellnerinnen serviert werden, reduziert sich nunmehr auf einen einzigen, elementaren Begriff: Wasser.

Des Schicksals Geschicke wenden sich zum Guten. Auf einer baumbestanden Anhöhe warten unsere Jeeps. Sie werden uns bald hinunterführen nach Barrera. Dorthin, wo es Wasser und noch viel mehr gibt.

Barrera. Ein Nest, welches noch nicht den Vorteil einer brennenden Glühbirne kennt. Wir nähern uns noch vor der Abenddämmerung einem provisorisch anmutenden Ess-Stand. Man bringt Stühle. Es gibt Backfisch, Maniok und Spaghetti. Das Anwärmen letzterer Speise gestaltet sich praktisch, es wird heißes Öl darübergegossen. Die Nacht schlafen wir in Schlafsäcken auf dem sauber ausgekehrten Lehmboden einer Hütte. Freddi schnarcht.

Des Morgens fahren wir in die nahen Berge, wo Maultiere auf uns warten. Mein Counterpart hat Geburtstag, und wir feiern dies mit einem kräftigen Schluck Clerine, einem hochprozentigen Zuckerrohrfusel aus der Brennküche des Haitianers.

Die vor allem von Sträuchern als Sekundärvegetation geprägte Landschaft ist von imponierenden Kaktusgewächsen durchzogen. Es ist eine Gegend, wo der Weg zum „Arroyo" (temporär wasserführender Bach), der Arroyo zum Weg wird. Mit dem stetigen Aufstieg wird die Baumvegetation üppiger. Sukkulenten treten zurück, Schlingpflanzen ranken über immergrünen Bäumen und Sträuchern.

Die glänzend grünen Lanzenblätter des Rauvolfia-Strauches reflektieren bandförmig das Licht der Sonne, als wir eine Gipfelzone erreichen. Zahlreiche Bäume sind von einer tückischen Schlingpflanze überzogen, Fuertesia domingensis (Losaceae), die mit Recht von Haitianern als „Liane piquant" bezeichnet wird. Insbesondere an der Blattunterseite besitzt sie widerhakenbewehrte Härchen, die sich beim Vorbeistreifen in der Haut festsetzen. Sie kommt nur in der Sierra Martin Garcia vor. Das Gebirge wird als vegetationsgeographische Trennlinie zwischen der endemischen südwestlichen, weit in den haitianischen Raum hineinstreichenden Flora und der südöstlichen Pflanzenwelt angesehen.

Bald marschieren wir unter einem Reigenkranz blühender Prunkwinden (Ipomoea luteoviridis, Convolvulaceae), die ein Meer roter Trompetenblüten zeigen. Dann, wieder einmal, öffnet sich der dichte montane Gebüschmantel, und die Bucht, die Bahia de Neiba, zeigt sich fern mit ihren ruhigen Wellen im gleißenden Sonnenlicht. Vorgelagert sind bandförmige Mangroveninseln.

Gegen Abend rasten wir an einer Hütte. Die Wände bestehen aus aneinandergereihten Pfählen, das Dach aus Gras. Hier werden wir unser Lager aufschlagen und die Nacht verbringen.

Der Traum von uns ist es, die „Punta de la Sierra de la Martin Gracia" zu erforschen. Es handelt sich um den südöstlichen Teil des Untersuchungsgebietes, welches landseits durch zahlreiche steile Schluchten nur schwer zugänglich ist. Hier soll „Cnidoscolus acrandus" vorkommen in Form einer zwanzig Meter hohen Baumgruppe aus der Familie der Wolfsmilchgewächse. Heimische Campesinos erzählen mit ernsthaften Gesichtern von riesigen Bäumen und Ziegen fressenden Schlangen. Diesen Bereich wollen wir von Puerto Viejo aus mit dem Boot erreichen.

Botaniker sind seltsame Menschen, die man niemals in die Seele von Briefmarkensammlern schubladenartig einordnen sollte. Vielleicht sind sie mit Wölfen vergleichbar, die unstet auf der Spurensuche nach neuen Pflanzenarten sind. Und wie Süchtige sammeln sie Blätter, Zweige, Blüten und Früchte und pressen sie in ihre Herbarien, ewig auf der Suche nach der neuen, bisher unentdeckten Art. Eigentlich doch so wie Sammler von Briefmarken.

Die Abend- und Nachtstunden waren höllisch. Moskitoplage. Das Abendessen konnte nur in Bewegung eingenommen werden. Die Nacht verbrachten wir auf Tischen unter Moskitonetzen, wo jedoch, in unerklärter Weise, die Plagegeister immer wieder eindringen konnten. Auch Mückenverzehrer wie die großen Kröten mit dem Namen Bufo marinus, die es hier zuhauf gibt, konnten uns nicht helfen.

Es ist fünf Uhr morgens, und die Hähne krähen. Wir beabsichtigen heute, mit dem Boot zum südöstlichen Teil unseres Untersuchungsgebietes zu gelangen. Wird unser Vorhaben gelingen? Es hat stark geregnet in der Nacht. Wir haben sie in einem provisorisch anmutendem Gebäude eines Außenposten des Landwirtschaftsministeriums verbracht, das hier eine Aqua-Kultur in Form einer Teichkette mit dem Buntbarsch Tilapia errichtet hat. Tilapia, ein afrikanischer Buntbarsch. Ein Maulbrüter, wo das Weibchen Pflege und Aufzucht der Jungfische im Maul betreibt. Die Aquakultur wird von der FAO in zahlreichen tropischen Ländern zur Bekämpfung des Hungers vorangetrieben. Allerdings setzte sie auch diese Art im Lago Enriquillo aus, was zu einer Dezimierung der lokalen Fischfauna beitrug. Keine Medaille ohne zwei Seiten.

Die Vorzeichen für unser Unternehmen stehen schlecht. Das Gewitter ist noch nicht ganz abgeklungen. Blitze durchzucken den Himmel. Die schweren Wolken hängen tief, und mehr und mehr wird uns bewusst, dass wir dieses Abenteuer heute nicht verwirklichen können. Zu gefährlich wäre das Unternehmen, das mittels eines Bootes über das aufgewühlte offene Meer führen würde. Schade. Heute die „Punta" zu erreichen, ist nicht möglich. Der dicke Freddi seufzt erleichtert. Er kann nicht schwimmen.

Eine Reise zur Bucht von Neiba

Die Bucht liegt zwischen Azua und Barahona, unter der Kulisse der Kalkberge der Sierra Martin Garcia. In ihrer Nähe liegt eine ausgedehnte Dünen-Landschaft mit einem Salzwasser-See und mehreren Lagunen, die nach neugieriger Geschmacksprobe deutliche Spuren von Brackwasser aufweisen. Daneben gibt es auch von Süßwasser geprägte Zonen, die von den Quellen der Sierra gespeist werden.

Vertreter unseres Departamentos besuchten diese wilde und naturnahe Gegend im September 1985. Um dahin zu kommen, muss man die Landstraße Azua – Barahona verlassen und eine Piste in Richtung Meer wählen. Sie wird zunächst beidseitig durch ausgedehnte Zuckerrohrfelder begrenzt, die hier einen Hauptteil der im Südwesten angebauten Kulturen ausmachen.

Wir passieren frisch angelegte Reisfelder und ausgedehnte Bananenplantagen. Sie werden über Kanäle bewässert, die von Südwasser-Lagunen gespeist werden und die sich, im Wechsel mit Sanddünen, bis zur nahen Küste hinziehen.

Die Lagunen sind kaum menschenkörpertief. Ihr Wasser stammt von Quellen aus dem Gebirge der benachbarten Sierra Martin Garcia. Fischer in Booten legen ihre Netze aus. In den sumpfigen Uferzonen stehen Binsen und Hochgräser an, aus denen die lilafarbenen Blüten der Wasserhyazinthe (Eichhornia crassipes) herausleuchten. Diese eutrophe Art aus der Familie der Pontederiaceae siedelt sich mancherorts massenhaft in Sumpflandschaften und Seen an und trägt zu deren Verlandung bei. Die Nacht, die wir in Zelten verbringen, birgt unangenehme Überraschungen. Plötzlich umkreisen uns dichte Moskitoschwärme. Der schwitzende Körper juckt von den kaum noch zählbaren Einstichen. Bald ziehen schwere Regenwolken auf. Blitze zucken. Und dann regnet es in Strömen.

Der andere Tag. Die Regenfront ist vorbeigezogen. Glühendheiß brennt die Sonne auf die Dünen, die Meeresbrise und Vegetation in Jahrhunderten geschaffen haben. Es sind weiße Sanddünen, die vorwiegend mit recht deckungsarmen Gehölzen und Kakteen bestanden sind. Wie umgedrehte Kronleuchter ragen vier Meter hohe Opuntien aus dem Sand, denen die säulenartigen Cereus-Arten an Höhe kaum nachstehen. Hier und da huschen Eidechsen. Häufig kommt eine blauschwänzige Art (Ameiva lineolata) vor. Zum Meer hin, welches durch die vorgelagerten Dünenrücken nur teilweise sichtbar ist, wandert der Blick über gelbfarbene, an kriechendes Fingerkraut erinnernde Herden von Tribulus cistoides (Zygophyllaceae). Rote Blüten von Riesen-Opuntien zaubern Farbe in das Grau und Fahlgrün der Dünenvegetation.

Aber nicht nur Dünen und Lagunen prägen diese eigenwillige Landschaft. Wie im östlichen Areal des Lago Enriquillo wechseln sich hier savannenartig wirkende Halophytenzonen, meist dominiert von Batis martima (Bataceae) und mit von Xerophyten geprägten Gehölzen wie Acacia macracantha und Kaktusgewächsen ab.

Wir erreichen nach einem langen Marsch ein Gebiet, das nach Auskunft von Einheimischen einst von ausgedehnten Mangrovenzonen der Art Coronopus geprägt war. Dieses Gehölz siedelt sich nicht im Brackwasser, sondern mehr in erhabenen Bereichen an. In ihrer Nähe liegt die „Laguna el Cafe", ein Salzwassersee. Die Mangroven wurden abgeholzt, um Reisfeldern Platz zu machen.

Jedoch schlug dieser Versuch fehl. Eine unzureichende Bewässerung führte dazu, dass das salzhaltige Grundwasser über die Boden-Kapillaren nach oben stieg, sich eine weiße Salzkruste über den Boden legte und den Reiskulturen die Vitalität nahm. An ihre Stelle trat sukzessive eine ausgedehnte Halophyten-Savanne.

Für Studenten der Tropen-Wasserwirtschaft sind solche Areale willkommene Studienobjekte, die weltweit in ariden Zonen häufig vorkommen. Natürlich ist dort das Begehren, über Bewässerung die landwirtschaftliche Produktion anzukurbeln, besonders hoch. Aber wenn die Böden versalzt sind und Süßwasser nicht langfristig zur Verfügung steht, enden solche abenteuerliche, teure und aufwändige Versuche im Chaos. Der Aral-See in Kasachstan, dessen Zuflüsse in den sechziger Jahren gedrosselt wurden, ist ein abschreckendes Beispiel dafür.

Wir erreichen das Meer. Seine Gestade laden zu einem längeren Spaziergang ein. Es ist angenehm hier, wo die frische Brise die stechenden Quälgeister vertreibt. Es ist eine Flachküste, stark geprägt von angeschwemmten Korallenresten und verblichenen Muscheln. Das Meer hat hier einen Kieswall emporgewölbt.

Jenseits des Spülsaumes wachsen die ersten Salzpflanzen. Die bereits in dem Küstenort Boca Chica erwähnte Borrichia arborescens sowie Tournefortia gnaphalodes aus der Familie der Boraginaceae, kommen auf. Diese Art zeigt sich vor allem auf felsigen Küstenbereichen recht üppig. Ihre fleischigen, graugrünen Blättchen stehen auf verzweigten, verholzenden Stielen. Der Wanderer am Meer, der Schritt für Schritt immer wieder etwas Neues findet, verliert sich meditativ in einer Idylle zwischen Raum und Zeit. Und der unermüdliche Forscherdrang wird nur von einem einzigen Faktor begrenzt: dem quälenden Durst. Ist die Wasserflasche leer, zwingt sie ihn, wieder zurückzukehren in die schnöde Welt.

Reise zur Laguna Rincon de Cabral

Bevor wir Barahona erreichen, machen wir einen Abstecher zur größten Lagune des Landes. Sie wird vom Wasser des „Rio Yaque del Sur" über einen Kanal gespeist, weist aber örtlich auch brackiges Wasser auf. Trockenwaldgebiete liegen an der Nordseite der Lagune, teilweise abgeholzt und durch landwirtschaftliche Flächen abgelöst. Der westliche Teil ist großflächig von einer Halophyten-Savanne begrenzt, die sich mit örtlichen Unterbrechungen bis zum östlichen Gestade des Lago Enriquillo zieht, der etwa dreißig Kilometer Luftlinie entfernt ist. Diese Vegetation, vor allem durch Batis maritima charakterisiert, ist wohl Ausdruck großflächiger Salzlagerstätten, die durch früheren Meereseinfluss zu erklären sind. Ausgedehnte vegetationslose Zonen im Randbereich deuten darauf hin, dass die Lagune starken Schwankungen ausgesetzt ist.

Der Jeep rollt gemächlich über die schwere Brücke, die aus bearbeiteten Holzstämmen zusammengesetzt ist. Unten, zwischen massigen, grün glänzenden, dichten Beständen von Wasserhyazinthen rieselt klares Wasser.

Zwischen dem Enriquillo-See und der Bucht von Neiba
liegt die Laguna Rincon de Cabral

Wir erreichen die Uferzone. Ein solides Boot wartet. Die Lagune hat ihr ehemaliges Wasservolumen erreicht, nachdem sie jahrelang schrumpfte. Das Schrumpfen in Süßwasserlagunen kann durch ausbleibende Regenzeiten, aber auch durch den Wasseranspruch der Landwirtschaft verursacht werden. Im Schrumpfungshorizont hat sich teilweise eine Übergangsvegetation eingestellt. Die strauchartig wachsende Winde (Ipomoea carnosa, Convolvulaceae) hat sich als typische Landpflanze in das Areal zwischen Sumpf- und Wasserpflanzen eingeschlichen. Reste von „Nelumbo lutea", unserer heimischen Teichrose nicht unähnlich, kommen hier in eingeschränkter Vitalität vor. Aber sie haben überlebt und werden, wenn die Wasserstände so bleiben, bald wieder vitaler ihr Zepter schwingen.

Eine frische Brise kommt auf. Ein Fischer zieht sein Netz aus dem Wasser. Tilapias, das Übliche. Seniora Dod, eine betagte amerikanische Vogelkundlerin und Autorin eines viel beachteten Werkes über die Avifauna der Dominikanischen Republik, kommt beim Anblick eines anfliegenden Seeadlers in mädchenhaftes Schwärmen. Schwalben schwirren über unserem Boot. In der Ferne tanzen Reiherenten auf dem bewegten Wasser. Regenpfeifer fliegen an der Uferzone auf.

Der Propeller der Antriebsmaschine hat es schwer. Immer wieder verfängt er sich ächzend in einem Pflanzenteppich, der Rückschlüsse über einen gewissen Nährstoffeintrag seitens der Landwirtschaft zulässt. Dann schaukelt das antriebslose Boot breitseits und hinterlässt ein Würgen in der Kehle.

Die Lagune ist durch seine artenreiche Avifauna bekannt, darunter Löffelreiher, Ibis und Flamingo. Zahlreiche Migratoren aus Nordamerika kommen periodisch hierher, darunter große Entenpopulationen und Singvögel. Auch eine endemische Schildkröte (Trachemys decorata) ist zu beobachten.

Barahona

Im südwestlichen Bereich der Bucht von Neiba liegt die ehrwürdige Hafenstadt Barahona, die Perle des Südwestens der Dominikanischen Republik. Gerne kann man hier längere Zeit verweilen und in den Nachtstunden am Malecon bei anregenden Getränken Pläne schmieden für zahlreiche Tagesausflüge, die man, was die Fahrt entlang der Küstenstraße in Richtung Südwesten bis Oviedo betrifft, auch mit dem Buschtaxi bewältigen kann. Dies gilt zumindest für die abenteuerlich gesinnte Jung- und Spätjugend bis Ende fünfundfünfzig, die sich noch einen Platz auf der Ladefläche zwischen üppigen Marktfrauen, Hühnern und Ziegen ergattern kann. Der Rest klammert sich außen an die Bordwand und genießt die würzige Fahrtluft und das herrliche Küstenpanorama. Dagegen ist das Erobern des Landesinneren, bestückt mit Berglandschaften, Flüssen und Seen, eher mit einem Individualfahrzeug zu empfehlen.

Auch der Park von Barahona, stolzes Aushängeschild in auch kleinen Gemeinden, ist Wert für einen Besuch. Im Schatten blühender Bäume verbringen zahlreiche Gäste ihre mittägliche Siesta. In den Abendstunden, wenn die vielen Fledermäuse kommen, spielen flinke Kinder auf den Treppen, und so manche Veranstaltung wie religiöse Gruppen stellen sich hier ein und werben um Mitglieder.

Eine Wechselstube lädt zum Geld tauschen ein. In den neunziger Jahren gab es noch Reiseschecks. Wenn man sie einlösen wollte, konnte man dies nicht überall tun. Hatte man Erfolg, so musste man dennoch mit langen Wartezeiten rechnen. Frage- und Antwortspiel wechselten ab mit Kontrolle der Schecks und der Reisepässe. Eine Welt für sich in den klimatisierten Amtsstuben mit steifen, aber freundlich wirkenden Angestellten, während in Steinwurf-Nähe die bunten Korallenfische in ihren unterirdischen Wassergärten ihre reichen Farb- und Formenspiele entfalten.

Das Meer tanzt,
und hinter den schaumbekronten Wellen wiegen sich die Pelikane.
In den Lüften liegt schwerelos die schwarze Eminenz mit den stets gewinkelten Flügeln,
die den Wind im Spiel beherrschen.

Unter den Schaumkronen der Wellen lächelt fast leblos das Riff.
Doch in den Zacken und Spalten verstecken sich die bunten Geister,
verlieren sich in der Nacht der Höhlenwelt.

Und im wiegenden Rhythmus der Wellenströme bewegt sich der Silberstreif,
der vom Korallenboden bis zur Oberfläche reicht.
Da glitzert es und blinkt´s im Leiberstrom der Fische.

Mein Kollege Jürgen, der bereits anfangs der achtziger Jahre im Ministerium gearbeitet hat, erzählte mir von zwei Schiffen, die hier am Kai lagen. Da hier nicht selten Handelsschiffe aufkreuzen und anlegen, kümmerte sich eigentlich niemand um sie. Erst später wurde bekannt, dass sie – vergebens – zunächst im benachbarten Haiti anlegten, um ihre Fracht abzuladen, dort aber eine Abfuhr erhielten…

Unser Departamento erhielt ein Papier, das inhaltlich einen industrielandwirtschaftlichen Entwicklungsplan für das Umland von Oviedo beinhaltete und bereits vom hiesigen Landwirtschaftsministerium unterschrieben und genehmigt war. Pflanzungen von unermesslich vielen Fruchtbäumen sollte eine Agrarrevolution hervorrufen in einem Landstrich, der zu den niederschlagsärmsten Zonen des allgemein trockenen Südwestens gehört. Nach Recherchen, bei denen sich auch die lokale Presse einschaltete, kam heraus, dass die Schiffsbäuche mit hoch konzentrierten Fäkalien aus dem Raum Chicago gefüllt und Verhandlungen über die als wertvolle Dünger deklarierte Fracht auf der haitianischen Seite nicht von Erfolg gekrönt waren. Als das Ganze über die Presse auch in ländlichen Kreisen öffentlich wurde, kam es von Oviedo bis Barahona zu nächtlichen Protesten mit dem üblichen Anzünden von Autoreifen auf Straßen und Plätzen. Und ein spontaner Song eines Sängers kam als Schlagzeile in die „Hoy", einer Tageszeitung : „No queremos la mierda de los americanos, no, no, no," Was kurz und gut heißen soll, dass man nicht will. Der „Fäkal-Minister" musste gehen. Sicherlich nicht nur deshalb, weil er die Genehmigung erteilte. Gründe, warum sich Ministerposten nicht selten in Schleudersitze verwandeln, verlieren sich oft ungeklärt in Sümpfen und Dunstschleiern, wo der Begriff Korruption nur in ungenügender Weise eine Erklärung geben kann, weil das gewollt düstere Dämmerlicht für eine Beleuchtung der Geschehnisse in politischen und militärischen Kreisen viel, viel zu schwach ist.

Ein botanischer Streifzug zum Rio Baoruco

Wir, das sind in diesem Fall vorwiegend Botaniker des Botanischen Gartens in Santo Domingo, die sich den Schluchtwald eines Wildbaches, dem Rio Baoruco, unter die Lupe nehmen wollen. Mit zwei Geländefahrzeugen. Es geht heute um das routinemäßige Abklappern von Fundorten, wo eine genaue Pflanzenbestimmung aufgrund des Fehlens von Blüten bzw. Früchten bisher nicht möglich war.

Barahona liegt fünfzig Kilometer hinter uns, als wir, noch vor dem Fischerdorf El Paraiso, ins Landesinnere abbiegen. Es geht in die Berge hinein. Ein Schild macht uns darauf aufmerksam, dass wir uns in der Nähe des berühmten „Polo Magnetico" befinden. Zeitungen schreiben darüber, dass es eine nach oben ansteigende Straße gibt, die mit dem Auto auch ohne Motor zu befahren ist. Und tatsächlich: es klappt. Hätten wir allerdings eine Wasserwaage zur Hand gehabt, wären wir dem Rätsel, das sich ganz einfach als eine optische Täuschung herausstellt, sofort auf die Spur gekommen .

Bald erreichen wir einen Fluss, der sich örtlich zwischen mächtigen Felsmassiven durchschlängelt, bisweilen in meterhohen Kaskaden hinabstürzt und den wir im Verlauf des stetig nach oben führenden holprigen Weges mehrmals überqueren. Wir begegnen den größeren, gelben Blüten von Cassia spectabilis, einem Baum aus der Familie der Caesalpiniaceae, der hier nicht selten auftritt. Daneben fällt uns ein mit roten Trichterblüten übersätes Malvengewächs auf, Hibiscus horridus. Der zwei Meter hohe Strauch ist an den Zweigen dornbewehrt, selbst die großen Blätter haben ähnliche Merkmale. Wir sammeln fleißig das entsprechende Herbarmaterial. Nach kurzer Weiterfahrt halten wir an und bewegen uns zum Flussufer. Gegenüber stehen Großbäume.

Der wilde Bach ist durch die Regenfälle der letzten Tage merklich angestiegen. Dennoch ist das Wasser glashell, was nicht selbstverständlich ist und auf eine noch intakte Vegetation der umgebenden Schlucht schließen lässt.

Wild schäumend der Fluss, der in kristallblauglitzernden Wogen von den Bergen kommt.
Manchmal sich teilend, sich stauend vor den Kalkfelsen;
dann, in wilden Schlangen sich windend, hinanstürzend in die Ebene, die zum Meer führt.

Immer aber eingebettet im Gürtel der üppigen Vegetation,
die hier, in inniger Verflechtung unzähliger Arten und Formen
den grünen Webteppich dieser einmaligen Landschaftselemente prägt.

Gerne würden wir den Fluss überqueren, was jedoch hier anhand der starken Strömung zu gefährlich ist. So marschieren wir weiter flussaufwärts. Unterwegs gewahren wir eine Liane, die von den Haitianern als „Liane piquante" also „stechende Liane" bezeichnet wird. Ihre dünnen Triebe sind mit weich anmutenden Härchen übersät, die mit Widerhaken versehen sind. Ein stärkerer Kontakt mit dieser Art (Fuertesia domingensis, Loasaceae) erzeugt Infektionen.

Wir befinden uns in einem Schluchtwald, der durch sein spezielles Kleinklima eine hohe Artendiversität aufweist. Großbäume bilden eigene Ökosysteme und sind Habitate für Lianen, Sträucher und epiphytisch wachsende Pflanzen, vor allem Bromelien, Farne, seltener auch Orchideen. Zwei Baumarten fallen auf: Hura crepitans, ein Wolfsmilch-Gewächs. Sein mächtiger Stamm ist mit Dornen übersät, als hätte man dick zulaufende Nägel umgekehrt in den Stamm geklopft. Und eine Würgefeige. Örtlich hat sie ihren Wirtsbaum schon so stark mit ihren zunehmend dicker werdenden Luftwurzeln umschlungen, dass dieser bereits am Absterben ist.

Nach einer Stunde endet der mühsame Marsch durch das felsige, hängige Gelände. Der Fluss ist hier durch eine Sandbank geteilt. Und ein schräg liegender Baum erleichtert die Überquerung.

Bald haben wir unser Ziel erreicht: einen Baum, der aufgrund des Fehlens geschlechtlicher Merkmale bisher nicht bestimmt werden konnte. Es ist ein erhebender Augenblick, neben einem Baum zu stehen, dessen Fundort zwar bekannt, Art und Familienzugehörigkeit aber noch unbekannt war. Er ist etwa zwölf Meter hoch. Der Stamm trägt warzenartige, rundliche Auswüchse wie Nadelkissen, die mit Dornen bestückt sind. Die grünen Früchte erinnern an kleine Äpfel, die in Gruppen an langen Stielen hängen. Sie enthalten eine latexartige Flüssigkeit. Natürlich nehmen wir Material für das Herbarium mit. Früchte, Blätter und vom Stamm abgesägte „Dornkissen" wandern in Zeitungspapier und Säcke. Alles ohne schützende Handschuhe, was sich später als schmerzhafte Erinnerung in unsere Köpfe einbrennen wird. Der späteren Bestimmung nach handelt es sich um Cnidoscolus acrandra, einem Wolfsmilch-Gewächs, aus einem der letzten Fundorte in der Dominikanischen Republik.

Die Mühsal des Weges zurück wird durch eine wunderbare Begegnung mit einer zu den Würgeschlangen zählenden „Epicratris spec." belohnt. Sie ist fast drei Meter lang. Mit ihren apfelartigen, dunklen Flecken gleitet sie durch die Zweige der grünen Gebüschvegetation. Geschmeidig, elegant, wie nur eine Schlange sich durch diesen dichten Pflanzendschungel bewegen kann, entzieht sie sich unseren gierigen Blicken in nur wenigen Sekunden.

Von Barahona bis Oviedo

Bevor wir – mein aus Hüsede bei Osnabrück stammender Freund Gerd und ich – Oviedo und seine Lagune erreichen, streifen wir ein paar Fischerdörfer, die sich wie Perlenschnüre in Strandnähe aufreihen. Früher war es nicht schwer, dort in einer Familienpension oder bei einer Witwe unterzukommen. Wenn man nächtens hier den Strand mit seinen rollenden Wellen betritt, verliert sich der Blick im Dunkel zwischen Wasserwelt und Firmament...

Das Meer vereinigt sich
mit der Schwärze des nächtlichen Himmels;
und nur e i n Stern grinst seelenlos
aus unendlichen Weiten zu Dir.

Für den erprobten Wanderer ist diese Strecke, die fast immer den Blick auf das Meer erlaubt, ein unvergessliches Erlebnis. Aber Sonnenhut und Wasserflasche müssen in dieser heißen Gegend immer dabei sein. Mit oder ohne Buschtaxi. Und nur die Nächte sind es, welche

Die Landwirtschaft ist kärglich und knochenhart. Schwarze Bohnen und „Yuca" trotzen dem ariden Klima. Yuca, das ist Maniok aus der Familie der Wolfsmilchgewächse. In gekochter Form kann man den länglichen Wurzelstock wie eine mehlige Kartoffel essen. Ein Überlebensgemüse für die arme Bauernfamilie. So wie die Süßkartoffel, die zu den Windengewächsen zählt. Der Hungrige erntet sie bereits schmalwüchsig, der Reiche, der warten kann, erfreut sich an den später üppigen, im Boden geduldig ruhenden, rötlichen Knollen. Die wenigen Bäume und Büsche sind in Meeresnähe von Windschur geprägt. Kronen und Äste beugen sich den stetigen Küstenwinden und wachsen in Richtung der vom Wind abgewandten Seite.

Die erste Station ist „Paraiso". Dort wartet ein kiesiger Strand, der fast verloren inmitten einer felsigen Küstenlandschaft liegt. Die überaus hohen Wellenberge locken erfahrene Surfer und Schwimmer. Wir rasten im willkommenen Schatten eines Palmenhains. Muscheln finden sich hier nicht, wohl hier und da das Skelett der Fächerkoralle. Der Kiesstrand, der weiter hinten in eine Felsküste übergeht, ist für nur selten Barfüßige gewöhnungsbedürftig. Dann wollen wir uns ins Meer stürzen, aber es kommt fast umgekehrt: das Meer stürzt sich auf uns, als wir in die Fluten eintauchen. Es ist fast unmöglich, die Zone, wo die Wellen sich schäumend überschlagen, zu überwinden. Immer wieder werden wir gegen den Strand geworfen, zusammen mit Treibholz und Kieselsteinen. Aber manchmal gewinnt man auch das Spiel gegen die Wellen und kommt hinter die Gischtzone. Nur, beim Zurückschwimmen zum Strand kann es wieder ungemütlich werden.

Die einmalige Küstenlandschaft zwischen Barahona und der Lagune von Oviedo

„...im Schaume der tanzenden Wellen...“

Die Woge rollt heran, und Du zauderst, wartest;
dann scheinbar ruhig wird das Meer.
Und wie ein Recke, dem Sog des zurückfließenden Wassers folgend,
stürzt Du dich kühn in die Flut.

Doch dann kommt es wieder, rollt heran, faucht geischend wie eine wilde Katze
und steht plötzlich wie ein Bergmassiv vor Dir.
Nun mach Dich klein, oh Menschelein,
und wirf Dich – lanzengleich – den schäumenden Krallen entgegen.

Du schreckst zurück? - Dann wirst Du, dem rollenden Holze gleich,
im Hin und Her der derben Wellenmacht, ein Spielball zwischen Stein und Wasserkraft.
Und Du schluckst Wasser, die Hose hängt am Knie;
das fast geschlossene Auge trieft, und prustend ringt der Busen Dir nach Luft.

Indes ein weit´rer Wellenschwall Dich schmerzhaft in den Kiesel pflügt.
Gebeutelt Mensch, verein´ die Kraft, die Dir noch bleibt und streb´ dem Ufersaume zu,
der sichren Grund Dir unterm Fuße gönnt und wisse, dass Du nicht der Erste wärst,
der, in dem Höllenrachen Meer verschwindend, sein letztes Stündlein zählt.

Und so kehren wir keuchend zurück an den sicheren Strand. Aber nur kurz verweilen wir dort, weil sich Hunger und vor allem Durst einstellen. Wir steigen zur Straße hinauf, die in den achtziger Jahren noch eine Staubpiste war. Dort gewahren wir ein Strohdach, das von Pfählen getragen wird. Man bringt Stühle und Bier, dann wird gegessen. Es gibt schwarze, kleine Bohnen und Reis. Hunger ist ein guter Koch.

Wir wollen noch am selben Abend zum Nachbardorf Enriquillo und hoffen auf eine Mitfahrgelegenheit. Nachdem wir eine Stunde vergebens gewartet haben, entscheiden wir uns zu einem Fußmarsch. Schließlich ist das Nachbardorf nur läppische fünfzehn Kilometer entfernt. Wir schnüren also unser Bündel und machen uns – zum Entsetzen der besorgten Einheimischen – auf die Socken. Im Westen steht die Sonne bereits tief und wirft ihr glänzendes Licht auf die nahen Bergkegel.

Es ist nicht einfach, die fast nächtliche Straße mit ihren Dellen und Ausschürfungen zu Fuß zu bewältigen. Wir passieren behelfsmäßige Brücken mit geräuschvoll fließendem Lebenselixier. Wasser, das aus den nahen Bergen kommt, das man in dieser Gegend noch, mit der Hand schöpfend, mit Genuss trinken kann.

Der letzte Nachtmarsch war wohl bei der Bundeswehr und liegt etliche Jahre zurück. Damals ging es über zugefrorene Felder, ausgerüstet mit Taschenlampe, Karte und Kompass und einem Sternenhimmel, der uns den Großen Wagen mit seinem Nordstern zeigte. Nun, diese Utensilien brauchen wir für unsere nächtliche Wanderschaft nicht, weil das Rauschen des nahen Meeres und die Straße die Richtung vorgeben. Über uns liegt ein sternenübersätes Firmament, das als Lampe dient. Als wir das in völlige Dunkelheit getauchte Dorf „Los Patos“ erreichen, istbereits gut die Hälfte der Wegstrecke zurückgelegt. Müdigkeit schleicht sich ein, als wir eine feuchte Senke passieren und wir hinter uns die Geräusche eines Lastwagens vernehmen. Der freundliche Fahrer hält an und lässt uns hinten auf die Pritsche steigen. Wir richten uns gemütlich auf den Säcken ein, die vom Sitzgefühl her mit Holzkohle gefüllt sind. Nachdem sich die Augen etwas an die Dunkelheit gewöhnt haben, merken wir, dass wir nicht alleine sind. Eine schwarze Ziege liegt, an den Läufen gefesselt, neben uns. Die Fahrt dauert noch recht lang, und es soll uns eine Lehre sein, nächtens nicht mehr solche Strecken zu Fuß zu bewältigen.

Wir erreichen Enriquillo, ein Dorf mit etwa tausend Einwohnern. In einem Colmado brennt noch eine Petroleumfunzel, und man hört Stimmen, deren angenehme Klangqualität zu einem feuchtfröhlichen Verweilen einlädt. Wir fragen nach einer Übernachtungsmöglichkeit. Ein „Mister Agua", der am Tresen steht, zeigt auf ein benachbartes Haus. Das Zimmer ist sauber und billig. Vier Pesos sind ein Preis, der den Kofferträger eines städtischen Kleinhotels nie zu einer Dienstleistung erwärmen könnte. Der Südwesten, damals nur sporadisch von Touristen besucht, ist noch anständig.

Die Nacht war nicht unangenehm. Man gewöhnt sich im Laufe der Zeit an die surrenden Moskitos und an die laute Musik der Nachbarschaft. Sie vermischt sich mit den Scheinkämpfen der halbwilden Hunde und der Geigenmusik der Zikaden in den Laubbäumen. Sie gehören zu dem nächtlichen Orchester und konnten unserem Schlummervermögen nicht viel antun.

Der andere Morgen. Wir frühstücken opulent mit Blick auf das Meer. Kochbananen mit Maniok essen sich gut zu einem Huhn. Der Kaffee duftet besonders gut in dieser Gegend. Ein Truthahn balzt geräuschvoll um seine Hennen. Ach, welch ein herrlicher Tagesbeginn.

Wir wollen heute nach Oviedo und vor allem zu seiner Lagune, wo wir uns auf die Pirsch nach den feurigfarbenen Flamingos freuen. Unter einem schattigen Tamarindenbaum warten wir auf eine Mitfahrgelegenheit. Jünglinge wollen uns auf ihren Mopeds mitnehmen. Aber wir lehnen dankend ab. Wir vertrauen den vierrädrigen Blechkutschen mehr als den waghalsigen Burschen auf ihren Zweirädern.

Auf der Staubpiste unterwegs zu sein, erfordert Geduld. Ziegen und Kühe, größere Löcher und dornige Äste verhindern ein zügiges Vorwärtskommen. Leicht hügelig ist die Landschaft. Die Straßendörfer bestehen aus wenigen alten Holzhütten, die mit Stroh oder Palmenblättern gedeckt sind. Exotisch wirken sie, romantisch, wenn man den Aspekt von Mütterchen Armut beiseite schiebt, der sich auch für den Touristen sichtbar an den dürftigen Auslagen in den Colmados bemerkbar macht. Haiti, das Armenhaus der Karibik, ist nicht mehr weit.

Die Küstenlandschaft hier wirkt abwechslungsreich. Von Dornsträuchern übersäte Hügel wechseln ab mit Ebenen, wo die kargen Böden nur an Trockenheit angepasste Kulturen erlauben. Kühe mit knöchernen Rücken kreuzen den Weg.

Wir erreichen Oviedo. Eine verträumte Zwergstadt im Sonnengeflimmer, wo sich Küchenschabe und Fledermaus gute Nacht sagen. Der Ort liegt drei Kilometer von der Lagune entfernt, die wir am nächsten Tag erkunden wollen. Wir übernachten in einer kleinen Pension.

Der andere Morgen. Wir machen uns auf den Weg. Nicht selten grüßt uns hier ein üppiges, an Zäunen sich windendes Schlinggewächs mit leuchtend roten Blüten. Es ist Antigonon leptopus aus der Familie der Knöterichgewächse. Identisch mit den vitalen Wuchseigenschaften unseres heimischen, weißblütigen Schlingknöterich Polygonum aubertii.

Der einstündige Fußmarsch geht durch eine von Dornsträuchern geprägte Trockenlandschaft, in die mosaikartig landwirtschaftliche Zonen eingewoben sind. Nur die Hirsefelder sind großräumig angelegt. Ein Buschflugzeug fliegt beängstigend tief über den braunen Fruchtkolben und sprüht Chemie. Und dann liegt sie vor uns in ihrer erhabenen Größe und Schönheit: die „Laguna Oviedo".

Achtundzwanzig Quadratkilometer ist sie groß. Und nur ein kleiner Küstenstreifen trennt sie vom Meer.

Wir befinden uns bald in der Küche des Inspektors Blanco, der hier am Rande der Lagune wohnt. Er hat den Rang eines Landschaftshüters, und ich kenne ihn von früheren Begegnungen. Die Küche ist, nach afrikanischem Vorbild, vom Wohnbereich abgetrennt. Aus guten Gründen. Da brutzelt und brennt es. Töpfe und Pfannen hängen an langen Nägeln. Auf dem aus Lehm konstruierten Herd köchelt ein Reis-Bohnen-Gericht, das man hier Moro nennt. Die kleine, schwarze Bohne wird hier gerne angebaut. Sie ist resistent gegen Pilzkrankheiten und trotzt länger der Sonne als anspruchsvollere Bohnenarten. Der kleine Garten wirkt üppig. Unter Bananen, Palmen und Papayas wächst Wurzelgemüse. Kinder spielen zwischen Hühnern, die von einem imponierenden Hahn angeführt werden. Er äugt gefährlich zu uns. Wir verstehen. Drüben steht ein Maultier, unverzichtbarer Lastenträger des Hauses.

Nach kurzer Rast geht es weiter zur Lagune. Bald bleibt der Fuß im tückischen Schlick stecken, wo der Halophyt Batis maritima den Dirigentenstab führt. Den nördlichen Teil des länglichen Brackwasserkörpers wollen wir erreichen. Er liegt friedlich da mit seinen vorgelagerten Mangroveninseln, deren Stelzwurzeln handbreit aus dem trüben Wasser ragen.

Aus einer vorgelagerten Sumpflandschaft treten quellartig Wasserhorizonte aus, die von den Höhen des Baoruco-Gebirges gespeist werden und sich mit dem Salzwasser der Lagune vermischen. Barfuß geht es weiter, nachdem Schuhe, Hemden und Hosen in einem markanten Gebüsch versteckt wurden. Große Reiher fliegen auf. Aufgeschreckte Kleinfisch-Schwärme bringen vor unseren nackten Füßen die Wasseroberfläche ins Wallen, die dann wie tausend Diamanten in der Mittagssonne glitzert. Graureiher der Art Garza sensiso fliegen auf.

Wir kommen in einen Bereich, wo die Mangrove nur noch in aufgelockerten Gruppen im Wasser steht. Bis zum Bauch stehen wir in den Fluten, die hier eine spürbare Strömung aufweisen. Darüber erkennen wir deutlich das andere Ufer mit dichten Batis-Beständen. Diese Art erreicht ihre größte Vitalität in Salzzonen, die nur selten der Überschwemmung anheimfallen. Dahinter schließen sich Conocarpus-Gehölze an, die von der Sabal-Palme überragt werden. Conocarpus ist eine eher wasserscheue Mangrovenart ohne Stelzwurzeln, die häufig am Gestade des von hier aus nicht sehr weit entfernten Lago Enriquillo anzutreffen ist. Aus dem Mangrovengebüsch dringen krächzende Vogellaute. Es sind schwarzfarbene Krähen, die hier in größeren Gruppen leben und gegen jeglichen Eindringling protestieren.

Und dann, plötzlich, sehen wir sie, Jene, die wir hier so intensiv gesucht haben: Flamingos. Sie waren der eigentliche Höhepunkt unserer Reise.

Wenn Dein spähender Jägerblick, den Fuß im Schlamm verwurzelt,
am Rande des Mangrovensaums das weibliche Rosarot der Flamingos entdeckt,
da ergreift´s Dir die Seele und das Auge blitzt,
und im Takte des Hammerschlags des Herzens treibt es Dich vorwärts.

Und wie das Ohr – Odysseus – das dann, den süßen Sirenengesängen verfallen,
Dich immer tiefer in die Wellen zieht, so folgt das Auge dem Reigen
balzender Federn auf den dünnen Tänzerbeinen.

Und Du stapfst und schleichst, bis jäh der Flammensaum der Farbenpracht
das Wasser glitzernd peitscht.
Dann steigt ein Schwarm von hundert wilden Flügelschlägen auf
und brennt sich schwarzrot wie ein Götterzeichen in den Himmel.

Und sprachlos wird Dir klar, dass dies, was Deine Augen eben sahen
in dieser Schönheit, dieser stolzerhab´nen Pracht
noch nie im Schattenbild der Seele eingeschrieben war.

Der Rückmarsch durch die Sumpfzone wird schwierig. Wir haben einen Bereich gewählt, wo der Fuß bis zum Unterschenkel im Schlick versinkt. Jeder Schritt, jedes mühsame Herausziehen aus diesem nach Schwefel riechenden Schlamm wirkt ermüdend.

Nach geraumer Zeit finden wir unsere Kleidung und marschieren zurück. Noch einmal beschenkt uns die Natur, die an diesem Tag Nachsicht hatte mit den sonst üblichen Moskitoschwärmen, mit einem zweiten Anblick von Flamingos. Wir entdecken sie weiter südlich im seichten Wasser der Lagune, rosafarben und auf einem Bein stehend. Den Kopf bisweilen im Gefieder versteckt.

Die Lagune ist Teil eines großen Biosphärenreservats mit dem Namen „Jaragua". Eines der größten Nationalparks des Landes. Er umfasst auch aquatische Zonen bis zur Insel Beata und reicht bis zur haitianischen Grenze. An einem umfangreichen Management-Plan war unser Departamento mit dem Deutschen Entwicklungsdienst federführend beteiligt.

Verschiedene Meeresschildkröten kommen nächtens hier an den Strand zur Ablage von Eiern, darunter auch die riesige Lederschildkröte, ein Gigant unter den Reptilien. Sie wird über zwei Meter lang und erreicht das Gewicht eines kapitalen Stiers. Alle zwei bis drei Jahre kommen die adulten weiblichen Tiere nachts zur Eiablage an die Sandstrände. Auch von zwei Iguana-Arten wird berichtet. Flamingo-Kolonien und zahlreiche andere Limnokolen wie Löffler, Pelikane, Strandläufer und verschiedene Reiherarten kann der begeisterte Naturfreak hier beobachten.

Auf in Richtung Haiti und zu den Baoruco-Bergen!

Wir vom Departamento haben Oviedo hinter uns gelassen und fahren mit einem Geländewagen die Holperpiste nach Pedernales. Dichtes Dornstrauchgebüsch deckt den mageren Kalksteinboden. Wer hier überleben will, kann sein tägliches Werk nicht nur im landwirtschaftlichen Bereich suchen. Zu karg ist die Scholle, zu groß sind die klimatischen

Unwägbarkeiten. Regen ist Mangelware und zeigt sich an der typischen Trockenwaldvegetation des Südwestens.

Nach wenigen Kilometern biegen wir von der Straße ab und begeben uns in Richtung Süden. Nahe am Meer liegen nach Luftbild-Interpretation mehrere Lagunen, die wir näher erkunden wollen; wissend, dass wir sie mit dem Fahrzeug nicht ganz erreichen werden. Wir passieren zunächst dichte Gebüschzonen. Zahlreiche Arten haben ihr Laub abgeschüttelt, um der Trockenheit besser trotzen zu können. Zunächst geht es gut voran. Kilometerweit. Wir erkennen vor uns die Hügelzone „Loma Toussaint". Dann wird die Fahrt über den spitzen Kalkfels schwieriger. Auch Dorngebüsch gefährdet die Reifen, sodass wir aussteigen und zu Fuß weitergehen.

In einer wasserführenden Senke gewahren wir dichte Commelina-Polster, die in den trockenen Randzonen von Kalanchoe pinnata, einer Crassulaceae, abgelöst werden.

Aber dann wird es ungemütlich. Urplötzlich sind wir umhüllt von dichten Moskitoschwärmen mit einer bisher nicht für möglich gehaltenen Aggressivität. Ein Feldherr würde von einem Überfallkommando sprechen, das uns unverhofft angreift, als wollte es die nahe gelegenen Lagunen vor ungebetenen Gästen schützen. Instinktiv drängt es uns zurück, ungeachtet der den Fluchtweg versperrenden Dornensträucher. Nach nur wenigen Metern stellen wir fest, dass uns die stechenden Plagegeister nicht weiter verfolgen. Es war, als hätten wir eine verbotene Wand durchbrochen, hinter der ein mit stechenden Rüsseln versehenes Wachpersonal auf den ungebetenen Eindringling wartet. Mit zahlreichen Blessuren in der Haut kehren wir zurück.

Der südlichste und faszinierendste Teil unserer Reise mit der Lagune von Oviedo und dem Nationalpark „Jaragua"

Die Staubpiste führt stetig nach Nordwesten. Wir passieren nur wenige Dörfer, deren Colmado, je mehr wir uns der haitianischen Grenze nähern, immer spartanischer ausgelegtwerden. Plötzlich wird es Nacht. Im Scheinwerfer unseres Jeeps taucht ein mit Menschen völlig überladener Kleintransporter auf. Er lässt sich nicht überholen und nutzt in Ermangelung eigener Lichtquelle unsere Scheinwerfer. Seine unangenehme Staubfahne veranlasst uns, langsamer zu fahren, was unser lenkender Vordermann spontan auch tut, um weiterhin in den Genuss unseres Scheinwerferlichtes zu kommen. Letztlich bleibt uns nichts anderes übrig, als diesen komischen Kauz bis nach Pedernales zu eskortieren, da auch ein Stehenbleiben mit gleicher Münze beantwortet wird. Mit ausgetrockneten und staubigen Kehlen kommen wir an. Wir übernachten in einer familiären Pension. Morgen soll es weitergehen.

Wenn man im Geiste nach vielen Jahren zurückblickt, schießen einem, in memorium an diese Region zwischen Oviedo und Pedernales, eine Vielzahl von Gedanken in den Kopf, die sich bisweilen zu romantischen Bildern formen. Hirn und Seele, sicher manchmal Brüder, senden dann stille Vorwürfe in das Bewusstsein, wenn man innehält im täglichen Allerlei, das viel zu oft mit müllartig aufgestauten Nebensächlichkeiten angefüllt ist, die eigentlich nur ablenken von den wirklich wichtigen Dingen im Leben.

Hätten wir damals, als der Moskitosturm uns gehindert hatte, gewusst, welche Juwelen wir dort in der Lagunenlandschaft und auch an den weiter hinten von den noch intakten Korallenzonen gebildeten weißen Sandstränden eventuell gefunden hätten, wir hätten dort lange, lange Zeit verweilt, um nächtens die Ankunft der riesigen Lederschildkröten zu erleben und dem Gesang der Manatis, der Seekühe, in den Randzonen der Mangroven zu lauschen. Aber wie sang einst Freddy Quinn, der Hamburger Gitarrenbarde der sechziger Jahre mit seinen Seemannsliedern, als er von einer Insel sang, an der er vorbeifuhr, sie nie mehr fand und ein Leben lang von ihr träumte? Verpasste Chancen. Es ist wichtig, dass diese Areale den Schutzstatus eines Nationalparks erhalten. Und dass es – noch besser – unbestechliche Wächter gibt, die empfindlich stechen können. Solche einmalige Zonen sind der Hoffnungsschimmer für die Zukunft, in der man vielleicht feststellen wird, dass der Mensch durch den Schutz von Ressourcen auch morgen noch überleben kann.

Wir wollen die Sierra Baoruco auf der Internationalen Straße überqueren und bis zum Grenzort Jimani gelangen, der nahe am Lago Enriquillo liegt. Vorher aber frühstücken wir ausgiebig bei Dona Remedia, die vierschrötig und freundlich auf dem Marktflecken ihre Hütte als Kochstelle unterhält. Es gibt „Mondongo", das in schwäbischen Küchen in Form von sauren Kutteln angeboten wird. Und in unsäglichem Fett gebratene Hühnerleber. Dann, mit gefüllten Bäuchen, geht   es weiter. Wir befinden uns inzwischen auf der „Carretera Internacional", auf der binationalen Straße, die nunmehr nach Norden in Richtung der Sierra Baoruco führt. Bisweilen passieren wir Militärposten, die nicht immer besetzt zu sein scheinen. Rechts der Straße sind es dominikanische, auf der linken Straßenseite haitianische Militärs. Man lässt uns in Ruhe. Nur eine Schar von Kindern ist es bisweilen, die von uns Essbares erhalten will. Auch Erwachsenen begegnen wir. Sie betteln nicht. In ihren Augen steht der Hunger.

Die Sierra Baoruco. Die bis 2700 m hohe Bergkette beherrscht den äußersten Südwesten des Landes und erstreckt sich weit in den haitianischen Raum. Sie wird örtlich von Salzseen begrenzt, die als Teil eines tektonischen Grabens bis vierzig Meter unterhalb des Meeresspiegels liegen.

Wir erreichen mit unserem Jeep die Südseite des Gebirges. Die Piste ist nur für Geländefahrzeuge geeignet und bietet so manche Überraschungen. Zunächst geht es durch kleinlandwirtschaftlich genutzte Zonen mit mageren Kühen und Ziegen. Dieses Grenzgebiet zwischen der Dominikanischen Republik und Haiti war schon in den achtziger Jahren Objekt von Verwüstung in Form extremer Abholzung der einst stolzen Trockenwälder und zweifelhafter landwirtschaftlicher Nutzung. Aber die Nutznießer sind nicht die armen Teufel mit ihren Macheten, sondern hohe Militärs, Unternehmer und Politiker auf beiden Seiten. Ob sie wohl wissen, was sie durch die Abholzung ganzer Bergregionen auslösen können, die in den binationalen Wasserhaushalt einer ohnehin von Regen nicht verwöhnten Region negativ eingreifen? Wahrscheinlich übertüncht das Streben nach Wohlstand über Missbrauch billiger und williger Arbeitskräfte den gelegentlichen Anflug von Anstand und Moral. Armut und moderne Sklaverei sind Brüder, die Reichtum zaubern.

In den höheren Zonen ändert sich der Landschaftscharakter. Wir passieren Gebüsch-Stadien der Feuchtwaldzone, die örtlich mit azidophilen Zwergsträuchern eingenommen werden. Dabei erkennen wir zahlreiche Erika-Gewächse. Belichtete Wegränder zieren mitteleuropäische Krautpflanzen wie Löwenzahn, Wegerich, Weißklee und Königskerze. An einer steinigen Kurve haben wir einen herrlichen Blick auf das Meer. Und blicken auf „Cabo rojo", einen amerikanischen Militärstützpunkt.

Eine Lobelien-Art erweckt unser Interesse. Ein fast unscheinbares, krautiges, kaum meterhohes Gewächs. In der fernen afrikanischen „Virunga", einem unwegsamen Vulkangebiet zwischen Ruanda und Uganda wird diese, dort von dichten Moospolstern ummantelte Staude riesig und ist Bestandteil der afro-alpinen Vegetation oberhalb der Baumgrenze.

Der Weg schlängelt sich, der starken Reliefenergie des Geländes angepassten Form, nach oben. Reizvoll, bizarr die Baumlandschaft. Auf der einen Seite türmen sich Kalkfelsmassen senkrecht nach oben, fallen an der anderen Seite jäh nach unten. Steinlawinen versperren die Durchfahrt. Mehrmals müssen wir anhalten, um größere Felsbrocken aus dem Weg zu räumen. Es regnet. Nebelschleier. Die Baumriesen sind mit zahlreichen, epiphytisch lebenden Pflanzen bedeckt. Vor allem sind es Tillandsien aus der Familie der Bromeliengewächse. Hier kommt auch Tillandsia usneoides häufiger auf. Ihr Wuchs erinnert an die Bartflechte skandinavischer Wälder. Aber auch Orchideen sind nicht selten. Dieses Gebirge birgt etwa die Hälfte der endemischen Orchis-Arten des Landes. Farne und Vertreter der Piperaceae sind nicht selten und grüßen von den unteren und mittleren Baumkronen. Große, fast zehn Meter hohe Baumfarne wachsen insbesondere in absonnigen Schluchten, die örtlich mit einem dichten Vegetationsfilz aus zahlreichen Wuchsformen wie Epiphyten, Gehölzen und Lianen zusammengesetzt sind. Hier kommt auch die wie eine lange, grüne Baumnatter schlingende Vanilla spec. (Orchidaceae) vor. Dichte Hochgras-Bestände von Arthrostylidium sarmentosum ummanteln untere Gehölzschichten. Überall tropft es. Ein muffiger, erdiger Geruch liegt in der wassergesättigten Luft. Wir sind inzwischen auf über 1000 m Höhe. Willkommen im Reich der Nebelwaldzone mit seinen Kiefernwäldern (Pinus occidentalis), die sich noch viel weiter nach oben etablieren werden. Diese für die Tropen ungewohnte Waldformation gibt es hier nur noch in der fernen Zentralkordillere im Dachstuhl der Karibik, wo sein König, der „Pico Duarte", im Reich der kalten Nebelschleier thront.

Sierra Baoruco

Zwischen knorrigen Wurzelgeistern, die bisweilen tückisch den Vegetationsfilz deckt,
und moosverhüllten Steinen, stockt der Fuß.
Schlammig der Weg nach oben, aufgewühlt vom torkelnden Tritt.
Farne, hausgroß aufgetürmt, konkurrieren mit der Manacla-Palme.

Schweißperlen netzen die Stirn im Reich der Regentropfen,
die da hängen am Fiederblatt, in dem der Lichtstrahl tanzt.
Bemooste Urwaldriesen, lianengeschwängert, eingebettet in einem Heer von Epiphyten
tauchen auf, ummantelt von den Schleiern der Nebelfetzen.

Wie Torbögen von Kirchen überspannen schlingende Pflanzen sterbende Bäume
und säumen den schlüpfrigen Pfad. Da raschelt und gluckst es in den Kronen.
Dann, horch, wird es still.
Und einsam wird's. Und kalt.

Die magisch anmutende, fast unwegsame Waldzone ist nicht menschenfreundlich. Nur, wer ausgerüstet ist mit einem gerüttelt Maß an Forscherdrang, wird solche Zonen als Erfüllungsort hinsichtlich Entdeckung bisher nie gesichteter Arten in Flora und Fauna aufsuchen und sich wohl fühlen. Vor allem Vogelkundler und Orchis-Spezialisten können hier fündig werden. Andere, die wirtschaftliche Ausplünderungen im Sinn haben, scheitern vor allem an der dynamischen Geländemorphologie. Zwar sind viele paradiesisch anmutende Zonen inzwischen verschwunden. Aber einige werden da überleben, wo es natürliche Wächter gibt. Dazu gehören nicht nur stechende Kobolde aus der Insektenwelt, sondern Reliefdynamik, Regen und Kälte.

Ein umgestürzter Baum hindert uns an der Weiterfahrt. An Vieles haben wir gedacht: an Kochgeschirr, Zelt, Proviant und alles, was man für so ein Unternehmen braucht. Auch an Macheten, die ja für Vieles zu gebrauchen sind. Aber nicht an Äxte und Sägen. Einsetzende Dunkelheit. Wir schlagen die Zelte auf und kochen. Und lauschen in die Nacht, deren Geräusche von der Musik der wispernden Baumfrösche bestimmt wird.

Die Schlafsäcke werden klamm, und das Zelt kann die nächtliche Kühle nicht aufhalten. Hatte damals der Taino-Häuptling namens Enriquillo, der sich mit seinen Mannen als Rebell gegen die spanischen Besatzer hier zurückgezogen hatte, auch einen Schlafsack? Die Geschichte der Tainos wirft einen tiefen Schatten auf die spanische Kolonialzeit und ihre Gier nach Gold. Ihr Volk starb aufgrund eingeschleppter Seuchen am Ende des sechzehnten Jahrhunderts.

In der Kühle des anderen Morgens keimt der Gedanke auf, den Stamm mittels einer im Fahrzeug liegenden Kette von der Piste wegzuziehen. Nach einigen vergeblichen Versuchen gelingt es uns, einen Teil des Baumkörpers zu entfernen. Dabei wird ein Reifen beschädigt, der auf dem scharfkantigen Fels zu stark scheuerte.

Beschädigte Reifen sind für uns kein Problem. Wir haben Ersatzreifen. Insbesondere in den Trockenwäldern mit dornigen Akaziensträuchern werden immer wieder Reifen in Mitleidenschaft geraten. Oft erkennt man es nicht am gleichen Tag, da die eindringenden Dornen nur selten spontan die Luft aus den Reifen entlassen.

Es geht weiter. Bald erreichen wir die Gipfelzonen mit stolzen Kiefernwäldern. Sie sind vegetationsgeographisch einmalig im Südwesten und kommen nur noch in der weiter nördlich gelegenen Cordillera Central vor. In der Mittagszeit schlängelt sich der Weg endlich nach unten. Und dann fällt unser Blick auf den See. Der Lago Enriquillo grüßt freundlich. Strapazen und Müdigkeit sind vergessen. Bald werden wir in Jimani landen und in einer der zahlreichen kleinen Familienpensionen essen, trinken und schlafen.

Jimani. Eine einst blühende, mit zahlreichen Verwaltungsgebäuden geschmückte Grenzstadt. Heute hat sie mehr Dorfcharakter. Ziegen säumen die maroden Straßen. Das Militär kontrolliert die Schmuggelwaren und konfisziert sie genüsslich. Die Marktszene ist erwähnenswert. Obst und regionale Feldfrüchte dominieren. Eier und getrockneter Fisch trotzen der Hitze und können sicherlich nur von robusten Mägen aufgenommen werden.

Von Jimani aus kann man mit dem Landbus westlich in Richtung haitianische Grenze fahren und nach wenigen Kilometern das Gestade des „Etang Saumatre" besichtigen. Dieses Brackwasser-Areal ist der größte See Haitis. Man kann von Jimani aus auch die südlich vom Lago Enriquillo verlaufende Piste bis Duverge benutzen, um einen Eindruck vom südlichen Teil des Sees zu bekommen. Eine hier direkt am Ufer des Sees verlaufende Piste, die noch in den achtziger Jahren zumindest mit Geländewagen befahrbar war, ist inzwischen in den permanent steigenden Fluten verschwunden. Es ist Spekulation, ob diese in Zukunft wieder, zusammen mit den dann wohl sichtlich deutlich verblichenen Bananenhainen, auftauchen wird.

Der Lago Enriquillo

Der Lago Enriquillo, eingebettet zwischen dem Baoruco-Gebirge im Südwesten und der Sierra de Neiba im Nordosten

Als ehemaliger Teil eines Meeresarms füllt der See eine flächig ausgedehnte Senke, die mehr als 40 Meter unterhalb des Meeresspiegels liegt. Sie ist Produkt eines tektonischen Vorganges. Zahlreiche Vertreter der Flora und Fauna sind in diesem südwestlich gelegenen Landesteil einmalig. Flamingos, Iguane, Löffelreiher und Spitz-Krokodile kommen hier vor und locken den wissensbegierigen Forscher an. Und auch der Botaniker kommt auf seine Kosten. Eine ganze Kollektion von Kaktusgewächsen wartet auf ihn. Darunter auch die endemische Pereskia, die hier, strauchartig bis zu drei Meter hoch wachsend, vor allem im Grenzgebiet zu Haiti noch mit höherer Abundanz vorkommt.

In den siebziger und achtziger Jahren schrumpfte der See, insbesondere in den Trockenzeiten. Zeitweise konnte man fast zu Fuß zur Insel gelangen. Ein Grund dafür war die wachsende Einrichtung von Bewässerungskanälen, in denen das von den Bergen herunter eilende Wasser gefangen und in landwirtschaftliche Flächen geleitet wurde. Eine durchaus für Bauernschaft sinnvolle und überlebensfördernde Maßnahme. Dadurch stieg allerdings auch der ohnehin hohe Salzgehalt des Wassers im See. Biologen machten sich damals Sorgen um die Zukunft der Fischfauna und der Krokodile.

Seit fast zwei Jahrzehnten steigt wieder der Wasserstand. Warum, weiß wohl niemand so recht. Manche vermuten, dass unterirdisch verlaufende Wasseradern, gespeist von den umliegenden Bergen, „geplatzt" sind und so den Wasserspiegel anheben. Im Zuge dieses Naturereignisses sind ganze Straßenzüge in den Fluten verschwunden, insbesondere die alte Straße am südlichen Gestade zwischen Duverge und den ufernahen Zonen von Jimani.

Wenn wir uns der früheren tektonischen Energie vergegenwärtigen, welche diese Senke in Form eines binational verlaufenden Grabens hervorgebracht hat, in Konsequenz des Aufsteigens benachbarter Schollen in Form der Randgebirge Sierra Baoruco und Sierra de Neiba; dann könnte man sich schon vorstellen, dass solche Ereignisse in irgendeiner Form auch heute noch auftreten könnten. Tatsache ist, dass der seit Jahrzehnten zu beobachtende steigende Wasserspiegel gewaltige Flächen, mit Bananenplantagen und Palmenhainen versehen, überschwemmt hat. Welch ein sensationeller, ungewohnter Anblick für einen Taucher. Man stelle sich vor: ein unter Wasser schwimmendes Krokodil zwischen mächtigen Palmenstämmen!

Dieses Goldstück unter den Landschaftselementen der Republik durfte ich zum ersten Mal im Jahr 1985 besuchen. Unser Team aus dem Landwirtschaftsministerium rückte damals mit zwei Geländewagen an. Mehrere Tage blieben wir hier und erkundeten die umgebende Landschaft. Es war der Auftakt zu zahlreichen Exkursionen, die im Laufe der nächsten Jahre erfolgen sollten.

Das Touristenministerium hat natürlich versucht, diese attraktive Zone zu vermarkten. Trotz Hotels und Teerstraße um den See herum ist dieses Unterfangen weitgehend gescheitert. Zum Glück. Die meisten Touristen sehnen sich nach Meer und Strand, Bars und Boutiquen. Und wenn Salzwasser ihre Füße umspült, dürfen wilde Krokodile nicht ihre Urlaubsträume stören. Und so ist diese Perle auch heute noch dem Individualtouristen erhalten.

Las Descubiertas ist ein kleiner Ort inmitten einer heißen Umgebung, die von degradierten Trockenwäldern geprägt ist. Und einem gut gepflegten Dorfpark, der in den Abendstunden zum Verweilen einlädt. Die meisten Häuser sind aus Holz gebaut. Die Art ihrer Konstruktion lässt auf den sozialökonomischen Stand ihrer Vorfahren bzw. Besitzer schließen. Dünnbrettige Ausführungen versus dick- und breitbrettiger Formen. Auch Bedachung und Innenausstattung erzählen so Manches, und auch der „Patio", der Innenhof. Arm und reich, Landbesitzer und Tagelöhner treffen hier aufeinander. In der Mittagshitze döst der Ort. Nur Ziegen durchstreifen die Straßen, und Hunde-Gangs, die mitunter laut bellend ihr Revier gegen fremde vier- und zweibeinige Streuner verteidigen.

Wenn man abends hier im Park bei einem kühlen „Presidente" sitzt und die betagten Gummibäume bewundert und den Blick über die Hauptstraße zum von den Quellen der Neiba-Bergen gespeisten Schwimmbad schweifen lässt, verspürt man in seinem Innern ein Gefühl von Entspannung und Zufriedenheit. Und eine Vorfreude darüber, am anderen Tag – wieder einmal – das Abenteuer einzugehen, zu Fuß den fast nahe gelegenen See zu erreichen. Es ist jene Abendstunde, wo die Kinder lauter werden und schnellfüßig durch Straßen und Gebüsche huschen, während Ältere sich zum Schwimmbad bewegen, um an den Quellbächen, die zum See eilen oder in Kanälen gefasst werden, aufzutanken. Die alten Frauen unter den noch viel betagteren Lorbeerbäumen versorgen die hungrigen Kunden. Bohnen, Reis und Fleisch grinsen aus großen, schwarzen Töpfen, die auf Holzfeuer schwitzen. Ein Iguan verlässt eine Baumhöhle und geht auf Futtersuche.

Sicherlich gibt es genug Orte auf der Welt, wo man das Gefühl hat, die Zeit würde stehen bleiben. Einer von ihnen ist die Umgebung von Las Descubiertas. Wer hier Zeit, Muse und Interesse an der Natur findet, wird bald der Faszination dieser einmaligen Landschaft erliegen. Hier, wo die geringen Jahresniederschläge die Wuchs- und Lebensformen der Vegetation in einen Dornröschenschlaf versetzt haben, kann man beim Durchstreifen der Landschaft die Sukkulenz vieler Arten studieren. So kommen zahlreiche Kaktus-Gewächse vor. Die häufigste Art ist Cylindropuntia caribaea. Diese kleinwüchsige Art wird vor allem durch Ziegen verschleppt. Ihre Stacheln verfügen über winzige Widerhaken, die sich schmerzhaft in die Beinregionen einnisten können. Daneben kommen säulenförmige Cereus-Arten und bis zu vier Meter hohe, baumförmige Vertreter wie Opuntia moniliformis und Neoabottia paniculata vor. Und auch eine nahe Verwandte der „Königin der Nacht". Der Star unter den Kaktusgewächsen ist jedoch Pereskia, die drei Meter Höhe erreichen kann. Der Wanderer, der sie ohne Blüte sieht, wird an dieser hier endemischen Art zunächst achtlos vorbeilaufen und sie mit einem der zahlreichen dornigen Straucharten verwechseln.

Auch Geologie und Fauna dieser Region sind einmalig. Man hat den Eindruck, sich auf dem Grunde eines ausgetrockneten Meeres zu befinden. Überall stößt man auf felsenförmige Formationen, die auf die Reste versteinerter Korallen schließen lassen. Nicht selten sind sie von imponierenden Kaktus-Gewächsen überragt. Und Eines muss dem Besucher dieser Region bewusst sein: er kann nicht telefonieren.

In den frühen achtziger Jahren gab es hier weder Hotels noch asphaltierte Straßen. Dennoch konnte der nach einer Nachtbleibe suchende und fragende Wanderer immer da, wo es Witwen mit Behausungen gab, mit einem positiven Bescheid rechnen. Wir nächtigten damals oft bei der achtzigjährigen Lala, deren „Zimmer" kunstvoll mit Pappkartons unterteilt waren. Eigentlich war es ihr geräumiges Wohnzimmer, die „Sala", die sie angesichts von gelegentlich anklopfenden Wanderern in kleinere Übernachtungseinheiten umbauen ließ. Und keiner wurde ohne einen Kaffee und einem Stück Brot entlassen. Und die Wertsachen, die man vor einer Exkursion besser zu Hause ließ, trug sie – streng nach Personen geordnet – in ihrer unergründlichen Unterwäsche.

Der andere Morgen. Der See ist das Ziel dieses Tages. Man braucht Stunden, um nur in seine Nähe zu kommen. Heute ist der Tag, wo er wenigstens einen Teil seiner Geheimnisse dem neugierigen Forscherauge preisgeben soll. Natürlich gut ausgerüstet mit technischem Material und einer möglichst großen Wasserflasche, die sicherlich gewichtsmäßig alle anderen Requisiten übersteigt.

Hinter dem Schwimmbad führt ein zunächst breiter Weg nach unten, der von schirmartigen Vertretern der Mimosaceae und Caesalpiniaceae schattenbildend gesäumt wird. Hier kann man auch den Feuerbaum, Delonix regia, bewundern, einen der schönsten Bäume mit seinen leuchtendroten, trichterförmigen Blüten, welche die Welt der feuchten Tropen zu bieten hat.

Dann durchquert man eine üppige Graslandschaft mit Palmen der Gattung Roystonia und vitalen Kühen.

Das Dargebot an in Kanälen gebändigtem Süßwasser verwandelt diese Gegend in jenes in der Bibel beschriebene Land, wo Milch und Honig fließt, wo Weide mit Ackerflächen mit leider gut unterhaltenen Stacheldrahtzäunen abwechseln, deren Überqueren nicht immer leicht ist; mit hochschwangeren Mangobäumen, deren Früchte bald doppelzentnerweise zu Boden fallen werden, weil sich nur die Natur mit ihren Winden und der Sonne darum kümmert. Und sich dann Kühe und Pferde daran laben.

Weiter unten ändert sich das Erscheinungsbild. Das hier zum Teil nicht kanalisierte Fließwasser hat eine Sumpfzone gebildet, aus der imponierende Korallenstümpfe herausragen. Weiter oben, nur schemenhaft zwischen Königspalmen zu erkennen, zeigt sich ein wiederkäuender Stier mit gewaltigen Hörnern.

Es geht nunmehr durch ein fast ausgetrocknetes Flussbett. Zu beiden Seiten ragen spitze Korallentürme nach oben. Der Boden ist übersät von stäbchenförmigen Korallenresten, die aus dem angrenzenden Kalkgestein ausgewaschen wurden. Große Libellen, Schmetterlinge. Dann verschluckt uns ein Trockenwald. Die bisher übersichtlichen Weidegebiete werden von örtlich undurchdringlichen, dornigen Gebüsch-Zonen mit kleineren Bäumen oder säulenförmig wachsenden Kakteen abgelöst.

Und dann stockt der Schritt. Wir stehen vor einer Verwandten der „Königin der Nacht". Wie eine riesige Schlange windet sich dieses hier seltene Kaktusgewächs durch das Gebüsch, schlingt sich durch Astgabeln höherer Sträucher, um von dort die bizarren Korallenfelsen zu erobern. Es handelt sich um Selenicereus urbanianus. Bei seinem Anblick kommt der Fachmann ins Grübeln. Handelt es sich hier um eine Kletter- oder eine Stützpflanze, sozusagen um einen Stützkletterer? In den Tropen mit ihrer überwältigenden Wuchsformen-Vielfalt kommt das Schubladensystem des Botanikers, wo er gerne Dies oder Jenes einordnen will, bisweilen durcheinander.

Leider hat dieser schlängelnde Riesenkaktus aktuell keine Blütenansätze. Sonst hätten wir nächtens ein wundersames Schauspiel erlebt; nämlich dann, wenn die Art, umschwirrt von nektarhungrigen Nachtinsekten und Fledermäusen, ihre dreißig Zentimeter mächtigen röhrigen Trichterblüten entfalten. Eine Woche lang, Nacht für Nacht. Eine unglaubliche Fotosyntheseleistung vor dem geisterhaften Zaubertanz beflügelter Nachtgeschöpfe in schwülster, vom Sternenfirmament nur fahl beleuchteter Dunkelheit.

Wir gehen weiter. Vor uns liegt eine Mondlandschaft von Korallenfeldern. Echsen unterschiedlicher Arten und Populationen huschen über das Gestein, rascheln in vertrockneten Blättern. Wenn man hier verweilt und bewegungslos lauscht, kann man auch zahlreiche

Kleinvögel beobachten, die sich scheu im Blättermeer des Trockenwaldes bewegen. Inne halten und bewegungslos lauschen. Zeit als ein sinnvolles Baumeln der Seele betrachten als Öffnungsschlüssel für Tore, hinter denen sich wundersame Dinge erschließen, die man beim unstetigen Vorwärts nie entdecken würde.

Bevor wir den See erreichen, gewahren wir ausgedehnte Bananenhaine, deren Besitzer unbekannt sind. Sie werden von Haitianern bewirtschaftet. Hier, fernab von kontrollierenden dominikanischen Uniformen, haben sie eine eigene Subkultur errichtet. Ihre Haut trotzt Sonne, Moskitos, Skorpionen und Wanzen. Sie kennen den See mit ihren natürlichen Ressourcen. Am Rotglanz der Augen können sie das Alter des Krokodils einschätzen, das nächtens den See verlässt und den Kanal mit dem süßen Wasser hochsteigt. Sie kennen den Nährwert und die Heilkraft der wilden Pflanzen. Sie haben keine Kenntnisse über Buchstaben und Zahlen. Aber sie lesen in Bäumen und Kräutern wie in Buchseiten. Und die Geschichten ihrer Ahnen aus Afrika schnitzen sie in das Holz und malen sie in leuchtenden Farben auf Tücher aus gewebter Baumwolle.

Endlich erreichen wir den See. Für den aufmerksamen Besucher der achtziger und neunziger Jahre fällt die Entscheidung, den Gang rechts oder links zu unternehmen, nicht leicht. Er weiß, dass er nach rechts in Richtung Jimani über das Dorf Bartholomä auf zahlreiche Flamingo-Gruppen stoßen wird. Und auf übermannshohe Korallenblöcke, die von Batis-Beständen in der Übergangszone zwischen der Coronopus-Mangroven-Ansiedlung und dem von Dornensträuchern eingenommenen Trockenwald liegen. Und einem Mohngewächs mit auffallend blauer Blüte, die sich frech an der Randzone des Sees angesiedelt hat.

Flamingo-Schwärme. Bis zu hundert Individuen stochern im schlammigen Niedrigwasser. Überschreitet man eine gewisse Fluchtdistanz, fliegen sie auf. Ein Moment für den Fotografen. Beim Zeigen der Unterseite der Schwingen gewahrt man die Schwärze, die sich mit dem Rot vermischt. Ja, das abrupte Auffliegen wird dann zu einem unvergesslichen Anblick, wenn die langgestreckten Flugkörper wie Flammenzeichen den Himmel verzaubern. Sie fliegen nicht weit; nach wenigen hundert Metern dümpelt der Schwarm erneut im seichten Wasser, um mit dem Schnabel wie ein Kehrblech im Schlick nach Krustentieren zu suchen. Was den Abenteurer dazu ermuntert, dem Schwarm immer weiter zu folgen, hoffend, diesmal ein besonders schönes Foto von diesen herrlichen Federtieren zu schießen.

Dies sind Momente, die nie vergehen dürften und die man gerne lebenslang konservieren möchte. In dieser exotischen Welt, wo man buchstäblich durch einen fast ausgetrockneten Ur-Ozean schreitet, umgeben von auf seelenlosen Korallenblöcken wachsenden Riesenkakteen, genießt der zum flimmernden See starr gerichtete Blick die Bewegung der rot-schwarzen Schlangenhalsvögel und folgt ihm willenlos weiter und weiter. Aber auch Besessenheit und von Begeisterung befeuerte Neugier lassen endlich dann nach, wenn man zur leeren Wasserflasche greift. Erst dann, wenn irdisches Verlangen, genährt durch aufkommende Müdigkeit und juckendem Schmerz, ausgelöst durch Moskitostiche und Dornengestrüpp, in die der Schweiß eindringt, und vor allem das Gespenst des Durstes seinen grausamen Schleier enthüllt.

Im Zuge einer weiteren Tages-Exkursion in Richtung Außenstelle der Nationalparkdirektion bzw. Neiba wählt man den Gang nach links, wenn man den See erreicht hat. Bald nähert man sich mehreren Kleinbächen. Hier ist die Wahrscheinlichkeit, auf Krokodile zu stoßen, größer. Manchmal kann man eine Gruppe schon von Weitem auf dem übersichtlichen Gelände, das in der Quell- und Schrumpfungszone vegetationslos ist, am Ufer in der Mittagshitze bewundern.

Bisweilen kann man auch beobachten, wie junge, sich sonnende Jung-Krokodile beim sich Heranpirschen wie aufgescheuchte Frösche in den Bach springen, während man in der Nähe im See die Mutter beobachten kann, die sich nur mit der Maulspitze und vielleicht der oberen Schwanzpartie zeigt.

Schließlich stößt man auf die Außenstelle der Nationalparkverwaltung. Dort befindet sich ein hölzerner Steg, wo man mit einem Motorboot bis zur Insel Cabritos gelangen kann. Damals, in den 1980- er Jahren, entdeckten wir hier noch keine Iguane. Sicherlich gab es kleine Populationen in der Umgebung, die jedoch für den Reisenden unsichtbar in den sonnendurchfluteten Felsklüften der Sierra de Neiba lebten.

Zur Jahrtausendwende hat sich die Iguan-Population hier stark vergrößert. Der Grund dafür dürfte in einem Verbot des Abholzens im Schutzstatus des Nationalparks liegen. Dadurch können mehr fruchttragende Gehölze aufwachsen, die zumindest einen Teil der Nahrungsgrundlage dieser urtümlichen Echsen bilden, die einen guten Meter Länge erreichen. Es ist, als befände man sich in die Urzeit versetzt. Wenn man in meditativer Manier auf einem Gesteinsbrocken sitzt, kann man sich als Teil dieses Landschaftselementes und seinen Königen, den Iguanen, fühlen.

Wenn man von hier aus den Blick über das leicht wellige Wasser des Sees gleiten lässt, erkennt man im Vordergrund eine Vielzahl gebleichter Stangen einer längst entseelten ehemaligen Ufervegetation, die vor allem von weißfarbenen Reihern besetzt sind. Es lohnt sich bisweilen, hier die Wasserzone genauer zu betrachten. Nämlich dann, wenn sich ein Krokodil auf den Weg zur Uferzone macht. In der Mitte des Sees erkennt man eine größere Insel, die „Isla Cabritos". Die stolze Kulisse bilden das Baoruco-Gebirge und die grenznahen Zonen Haitis.

Früher gab es hier zwei von schwefelhaltigem Quellwasser der Sierra de Neiba gespeisten Lagunen, die als Kinderstube von Kleinkrokodilen dienten. Ihre Mütter legten oberhalb davon Eier im sandigen Untergrund ab, bewachten sie vor Räubern und sorgten für den Umzug der Brut in die Lagune. Gegen Ende der achtziger Jahre kamen Experten der Tourismusbranche auf die Idee, eine dieser Lagunen in ein Schwimmbad umzuwandeln, damit der erschöpfte Wanderer sich am kühlen Nass erquicken kann.

Nun, man kennt ja gelegentlich Geschichten aus Florida, wo erstaunte Hausbesitzer bisweilen Bekanntschaft mit einem in ihrem Pool badenden Alligator machen. Dort helfen Polizei und Feuerwehr, den ungebetenen Gast zu entfernen. Aber die Frage hier darf doch wohl sein, ob Räume, die seit Urzeiten von naturnaher Flora und Fauna besiedelt und Hoheitsgebiet der Nationalparkdirektion sind, den Interessen der Tourismusbranche geopfert werden müssen. Und natürlich ist es auch hier schon zu gefährlichen Begegnungen zwischen Mensch und Tier gekommen. Wenn man den Respekt vor der Natur verliert und meint, immer tiefer und rücksichtsloser in sie eindringen zu können, braucht man sich darüber nicht zu wundern.

Aber die Natur selbst hat dieses Problem später gelöst. Im Zuge des Anstieges des Wasserpegels versank das Schwimmbad in den Fluten.

Ganz in der Nähe kann man eine Kultstätte der Tainos zu besichtigen. Von der Straße aus, die nach Neiba führt, geht der Blick nach oben. Dort, wo man die ehemalige Oberfläche des einstigen Meeres vermuten darf, die sich dem Besucher mit einer rötlichen, streifenartig verlaufenden Gesteinsstruktur im unteren Bereich der Sierra de Neiba regelrecht aufdrängt, kann man zahlreiche in den Fels eingeritzte Zeichen bewundern. Früher musste man hier die rundlichen Felsformationen hochklettern. Heute führt eine bequeme Holztreppe hinauf.

> Wanderer, halt inne an diesem geweihten Ort, wenn Du die in Stein eingeritzten Zeichen
> eines von Kolumbus´ Erben erniedrigten Volkes entdeckst.
> Verharre hier und entzünde im Altar Deines Innern eine Kerze
> und sinne darüber nach,
> was man einem der Natur angepassten Volk angetan hat.
> Und lasse Deinen Blick über das tiefe Blau des Sees schweifen
> hinüber zu den Kiefern tragenden Bergen der Sierra Baoruco,
> einst Refugium des letzten Häuptling der Tainos: Enriquillo.

Solche Zeilen können im Gehirn des Wanderers nur dann entstehen, wenn er sich in die Zeitgeschichte meditativ einloggt, da, wo damals die Gier nach Gold seitens der spanischen Krone jegliches humanistisches Denken übertünchte.

Wer sich als aufgeschlossener Tourist hier längere Zeit niederlassen möchte und sich ein Fahrzeug leisten kann, sollte sich, allein schon der Reifen wegen, einen Geländewagen anschaffen. Die hier etablierte Trockenwaldzone beherbergt eine Reihe Dornen tragender Gehölze, die vor allem den zarten, die Asphaltstraße gewohnten Reifen zum Verhängnis werden können. Und dann ist man froh, wenn man einen Fachmann hat wie den alten Joe, der seine Werkstatt unter einer uralten Tamarinde eingerichtet hat.

Die Busfahrer zwischen Jimani und Las Descubiertas kennen ihn, diesen bärtigen, dunklen Mann zwischen fünfzig und neunzig Jahren mit dem uralten Schlapphut, dessen Anzahl von Löchern nur noch von denen in Hemd und Hosen übertroffen wird. Er ist Meister einer alten, in dieser ländlichen Gegend üblichen Schlauch- und Reifenflicktechnik, die man „vulkanisieren" nennt. Dazu benutzt er kleine Gummiteile aus alten Schläuchen, die er an einer mit Altöl genährten Flamme erhitzt, auf die perforierte Stelle auflegt und diese in einer Pressvorrichtung unterbringt. Alles selbst gebaut. Ist kein Öl da, nimmt er Holzkohle. Die Löcher in seinen Textilien sind, so wie seine schwieligen Hände, sichtbare Erscheinungsbilder seines Berufes.

Wenn er mit dem Vulkanisieren fertig ist, pumpt er seinen Patienten leicht auf. Dazu benutzt er einen ausgedienten, aufgepumpten LKW-Reifen, den er anzapft. Dann prüft er den Schlauch in einem Wasserbad. Schließlich könnte es ja noch mehr perforierte Stellen geben, die man noch flicken müsste. Wenn man tagelang in dem von Dornensträuchern geprägten Gelände unterwegs ist, können viele, mit Dornspitzen versehene Perforationen auftreten, ohne dass man dies sofort bemerkt. Dann ist man froh und dankbar, dass es Menschen wie den alten Joe gibt. Auch wenn man manchmal lange warten muss, bis man endlich in sein Gefährt wieder einsteigen und weiterfahren kann.

Aber nicht alle Reifenflicker sind so wie der alte Joe. Und so mancher Tourist, der mit seinem Mietwagen unterwegs ist, kann ein Lied davon singen. Nicht selten wird der von einer Panne betroffene, aber noch gut erhaltene Schlauch mit einem vielfach Geflickten ausgetauscht. Und man wundert sich, dass die Reifenpanne in immer kürzeren Intervallen stattfindet und Zeit und Geld und Nerven kostet.

Die Insel Cabritos

Ein anderer Tag. Es ist acht Uhr früh. Ich bin mit David, einem stämmigen Amerikaner von „Peace Corps", einer amerikanischen Hilfsorganisation, verabredet. Mit seinem Motorrad geht es von Las Descubiertas über die Piste, die zur Außenstelle der Nationalparkverwaltung am See führt. Nach zwanzig Minuten erreichen wir das Gebiet. David öffnet mit einem Schlüssel einen Verschlag, in dem der Motor seines Bootes liegt. Er schultert diesen, und wir gehen zum Boot, das im Sand nahe des Holzsteges liegt. Unser Ziel ist die große, im See liegende Insel „Cabritos". Der See ist ruhig. Bald landen wir an. David schlägt mit der Machete an einen seelenlosen, hölzernen Zaunpfahl. Ein gelbfarbener Skorpion kommt sichtlich verärgert aus der mehligen Masse heraus und droht mit seinen Scheren. Der Strand besteht aus Korallenkalk und gebleichten Muscheln. Muschelkalk, fein zerbröselt, weiß wie die zahlreichen Silberreiher am Gestade.

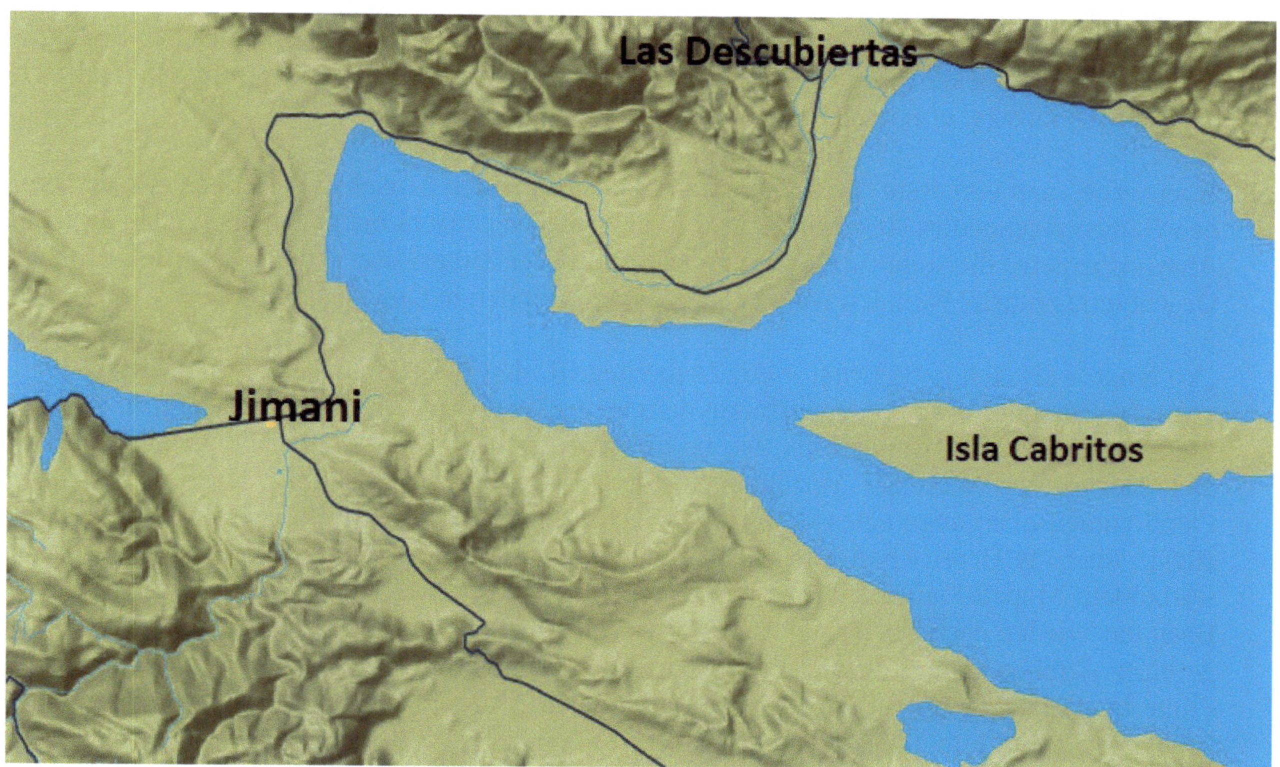

Westteil des Sees mit dem Marktflecken Jimani in haitianischer Grenznähe
und der Insel Cabritos

Auf der Insel konnte man früher gelegentlich ein adultes Iguan-Paar, genannt „Tristan und Isolde" bewundern. Wie sie auf die Insel gekommen sind, bleibt ein Rätsel. Ebenso, wie Jungkrokodile, die nachweislich hier geboren werden und im Salzwasser nicht aufwachsen können, von der Mutter anscheinend auf das Festland gebracht werden. Dem neugierigen Forscher liegt im Bereich Lago Enriquillo ein aufregendes Freilandlaboratorium zu Füßen, das bis an den Rand vollgestopft ist mit geheimnisvollen Aspekten und Objekten aus dem Reich der Flora und Fauna, der Geologie und der Kulturgeschichte.

Der lichte Bestand von Dornsträuchern wird örtlich von baumartig wachsenden Kakteen der Gattungen Olpuntia und Cereus unterbrochen. Auch ein typischer Baum mit rundlicher Krone, lebhaft grünen Blättern und blauer Blüte ist hier nicht selten. Ein unendlich langsam wachsendes Gehölz mit extrem hartem Holz, das leider allzu oft der Machetenhand des Köhlers zum Opfer fällt: Guaiacum officinale, eine Zygophyllaceae. Von diesem „Eisenholz" wurden im Raum Bani noch in den neunziger Jahren Mörser an der Hauptstraße an den Touristen verkauft. Dieser sinnlose Ausverkauf von Schätzen, die in der Umwandlung zu Holzkohle gipfelte, wurde später verboten.

Der lange Marsch vom Markt von Jimani zum See

Jimani ist ein sozialer und binationaler Brennpunkt, der den historisch begründeten Konflikt im Zuge der Staatenbildung auch heute noch erkennen lässt. Zahlreiche Verwaltungsgebäude dominikanischen Ursprungs, an denen deutlich der Zahn der Zeit nagt, zeugen davon. Unweit westlich davon liegt die Grenze, die man früher auch ohne Visum durchqueren konnte. Zum Beispiel mit der Bemerkung, man würde gerne dem benachbarten See des Lago Enriquillo einen Besuch abstatten. Man passierte also die Grenze, die auf der dominikanischen Seite mit einem „Kneipp-Becken" ausgestattet war, welches die haitianische Bevölkerung obligatorisch durchlaufen musste, um passieren zu können.

Aber wehe, man verpasste den Dienstwechsel des beamteten Aufsehers, der ja bereits schon in den Genuss irgendeines Geschenkes gekommen war. Was macht man dann als Ausländer ohne Ausweispapiere, die unter strengem Verschluss in der Unterwäsche der Witwe Lala in Las Descubiertas ruhen? Nun, ich war höchstens zwei Stunden in Gewahrsam.

„Yo tengo sed". Ich habe Durst – ein Zauberbegriff, den jeder Grenzbeamter auf dieser Welt versteht. Ein an elementare Bedürfnisse gerichtetes Wort, welches das soziale Empfinden des Menschen rührt. Insbesondere da, wo es trocken und heiß ist. Da der Geldbeutel nicht leer und Bier in der Nähe zur Verfügung steht, entwickelt sich im Laufe der Zeit ein unter Familienmenschen angeregtes Gespräch, welches zwar den gemeinsamen Trinkgenuss nicht zügelt, aber die Bereitschaft einer alsbaldigen Entlassung fördert. Zum Wohle des auf mich wartenden Moped-Fahrers, der mich nach einem ausschweifenden Biergenuss mit dem Beamten wieder nach Hause fährt. Nur im Augenwinkel verfolge ich noch die zum Kopf geführte Armbewegung eines salutierenden Uno-Mitarbeiters, der hier die Grenze mit einer Flinte bewacht. Ein Soldat wie aus dem Bilderbuch. Ohne lokale Sprachkenntnisse. Einfach so hingestellt mit Flinte, Uniform und blauem Helm.

Marschiert man vom Markt vom Jimani aus zum See, so findet man sich, wenn man die Straße hinter sich gelassen hat, bald in einer kleinbäuerlichen Landschaft mit den üblichen Kulturen wie Mais, Maniok, Bananen und Erdnüssen. Dahinter finden sich Fragmente einer salztoleranten Vegetation. Dornstrauchgebüsch, Kaktusgewächse, Xerophyten auf Korallenfels wechseln bisweilen mosaikartig ab mit Sumpfgräsern, wo der Stiefel nur ächzend und schwer aus dem morastigen Boden herauskommt. Bisweilen stößt man auf kreisrunde, ausgeräumte Köhlerflächen. Haitianische Köhler. Ausgemergelte schwarze Menschen, die in der sengenden Hitze ihr hartes Brot verdienen. Zwischen Illegalität und überall erkennbarer Nachfrage leben sie - zwischen den Fronten des korruptionsbereiten Militärs, das ihnen nicht selten die Säcke mit der Holzkohle konfisziert – und Händlern, die sie nur mürrisch und karg entlohnen. Dazu folgende Episode, aufgezeichnet während einer Exkursion unseres Forscherteams im Jahre 1986:

In den fernen Bergregionen registrieren wir dünne Rauchfahnen, die steil in den wolkenlosen Himmel aufsteigen. Dies wird wohlwollend auch vom Militär beobachtet. Schließlich ist das Köhlern nicht nur verboten, es ist auch eine willkommene Einnahmequelle für Repräsentanten höher dekorierter Schulterklappen. Aber noch erfolgt kein Zugriff. Erst muss der Verkohlungsprozess, dem eine Kräfte zehrende und zeitaufwändige Prozedur vorausgeht, abgeschlossen werden. Dann wird die Erde von dem einstigen Holzhaufen entfernt, und die erkaltete und zerkleinerte Kohle wird in Säcke gefüllt – und erst dann beißt die uniformierte Schlange zu. Damals waren wir Zeugen eines solchen Vorfalles: Die Säcke wurden beschlagnahmt, es wurden Gefangene gemacht, die im Militärcamp die Säcke wieder von den Fahrzeugen abladen mussten. Dann wurden diese armen Menschen streng darüber belehrt, dass Köhlern verboten wäre – und dann wieder freigelassen. Schließlich schlachtet man keine Hühner, die goldene Eier legen. Dominikanische Folklore.

Vor uns liegt eine mit Hochgräsern bedeckte Ebene, die bis zu den Bergen reicht. Es ist eine von Kleinlagunen und Gräben durchzogene Niederung. Schwarze Jünglinge verschwinden schamhaft im Gebüsch, während kleine Jungs weiterhin ihre kühnen Kopfsprünge in das erdige Wasser wagen.

Hier, in den trockenwaldartigen Zonen, kommt ein bis zu vier Meter hoher Strauch vor, der während der Blütezeit mit roten Trichterblüten garniert ist: Pereskia. Eine ungewöhnliche Erscheinung eines hier endemischen Kaktusgewächses, das in dieser Gegend nicht selten auftritt. In der Blütezeit sind diese außergewöhnlichen Sträucher durch ihr strenges Rot schon von weitem zu erkennen.

Örtlich kann man ausgedehnte Halophyten-Savannen bewundern, die hauptsächlich aus Batis maritima bestehen. Das Erscheinungsbild erinnert bisweilen an die wildromantische Camarque in Südfrankreich. Nur treten hier stellenweise säulenartige Kakteen auf. Cereus-Arten, die abwechseln mit baumförmig wachsenden Opuntien. An Sträuchern dominieren Mimosengewächse. In den zahlreichen sumpfigen Bereichen treten mannshohe, salztolerante Binsen und der Dominikanische Rohrkolben auf.

Für den Forscher ist es wichtig, solche aus vielen Schichten zusammengesetzte Landschaftselemente auf sich einwirken zu lassen. Natürlich hilft die Fotografie als Momentaufnahme zum Festhalten eines Eindrucks. Eindrücklicher scheint die Erstellung eines so genannten „Transsektes". Man arbeitet zeichnerisch an einer quasi linearen Darstellung eines Ausschnittes der Vegetation mit typischen oder auch selten vorkommenden Arten. Solche Werke sind sehr zeitaufwändig. Aber sie unterstützen ihren Schöpfer bei der späteren schriftlichen Ausarbeitung des wissenschaftlichen Berichtes. Und auch das längere Verweilen an einem Ort lässt so manch vorher Unentdecktes zum Vorschein kommen und ist bisweilen herausragende Würze für das Werk.

Eine Exkursion in die Sierra de Neiba

In der Nähe von Las Descubierta führt eine Straße in das Neiba-Gebirge, die in Richtung „Hondo Valle" bis zum Tal von San Juan führt. Der Kalkgebirgszug, über 2200 Meter hochragend, ist von seiner südexponierten Seite her nur spärlich mit meist dornentragenden Gehölzen bestanden. Und zahlreichen Kakteen-Arten. Auf der anderen Seite kann man in den absonnigen Höhenzonen Nebelwälder bewundern, die zu den umfangreichsten in der Karibik gehören. Sie überziehen die wilde Berglandschaft mit ihren unzugänglichen, hochgetürmten

Felsmassiven und Schluchten. Ein einfaches Durchmarschieren hier ist unmöglich; zu groß ist die ungewohnt dynamische Reliefenergie des Geländes. Die kerbtalartigen, durch Wassererosion gebildeten Einschnitte sind flankiert von sich auftürmenden Felsformationen.

Darüber liegt der feuchttropische Mantel der Vegetation in vielschichtigen Lebensformen. Jeder größere Baum ist ein Ökosystem mit hunderten aufsitzenden Pflanzen aus dem Reich der Orchideen, Bromelien, Farnen, Moosen. Diese äußerst schutzwürdige Zone wirkt wie ein gewaltiges Regenwasser-Rückhaltesystem, ohne das eine rationale Nutzung des Wasser über unzählige Kanäle in den Niederungen zu Gunsten landwirtschaftlicher Belange nicht denkbar wäre. Die Höhenstufen der einzelnen Waldformationen zeichnen sich in Anpassung an die jeweilige klimatische und ökologische Situation durch das Auftreten bestimmter Baumarten aus. Das Ganze - aus einem Fesselballon betrachtet - erscheint wie ein von vielfältigen Pflanzenarten gewobener Flickenteppich. Waldzonen mit dem echten Mahagoni (Swietenia mahagoni, Meliaceae) kommen ab eintausend Metern Höhe vor. Das wertvolle, rötliche Holz war früher Opfer verschiedener Abholzungswellen. Die heute noch verbliebenen Restbestände sind streng geschützt. Die mesophile Waldzone zeigt Anklänge zu artenreichen Feuchtwäldern und wird, wenn man in Richtung der extrem sonnendurchfluteten Südseite zum Lago Enriquillo hinuntersteigt, durch dorniges Gebüsch abgelöst, um dann zunehmend von Polsterpflanzen, harten Gräsern und Sukkulenten bestimmt zu werden.

Der Nordwesten

Wer die herbe Atlantikwelle und die von Felsblöcken bestimmte Küste mag, dem ist diese Zone durchaus zu empfehlen. Mit dem Fischerboot kann er ferne kleine Inseln, die „Cayos Siete Hermanos" erobern. Der Betuchte kann mit einem Kleinflugzeug ausgedehnte Mangrovenzonen abtasten, um die Seekuh, hierzulande „Manati" genannt, zu suchen. Auf einer festen Piste kann er nach Süden in Richtung der Grenzstadt Dajabon mit seiner bunten Marktszene fahren und unterwegs eine Lagune besichtigen.

Von Moca nach Monte Cristi

Um von Santo Domingo aus in diese von fruchtbaren Feldern umgebene Großstadt zu gelangen, braucht man gute fünf Stunden. Mit einem Jeep unserer Naturschutzabteilung und ihrer Kernmannschaft sind wir in den frühen Morgenstunden aufgebrochen. Die Stadt Moca haben wir nach einer Rast mit „Moro", einem Reisgericht mit Hühnchen in Soße, bereits hinter uns gelassen. Das Ziel unserer Reise ist die Stadt Monte Cristi. Dort wollen wir an einer internationalen Tagung teilnehmen, wo es thematisch vor allem um den lokalen Küstenschutz gehen soll. Wir zählen das Jahr 1986.

Nach Moca geht die Reise durch weit geschwungene Ebenen mit in der Sonne flimmernden Dornstrauch- und Sukkulentenhainen. Das landschaftliche Erscheinungsbild ist Ausdruck einer land- und gehölzwirtschaftlichen Übernutzung. Ein Kolibri labt sich an den gelben Blüten eines kronleuchterartigen Riesenkaktus. Es ist ein unscheinbar wirkender Zwergvogel mit grauer Brust und dunklen Rückenpartien. Lianen und Epiphyten durchdringen die periodisch blattlosen Sträucher. Vor allem sind es Tillandsien, die sich nicht selten zu Hunderten auf den spärlich aufkommenden Gehölzen etabliert haben. Dämmerung setzt ein, und die vorher so zahlreichen Vogellaute werden schweigsamer. In der Ferne hört man die animierenden Kommandos der Viehtreiber, welche die Herden zu den Ställen bringen. Peitschenknallen, hu, hu huiiii. Am Rande des Weges liegt das Skelett eines Riesenkaktus. Gitterartig sind die Fasern ineinander geschlungen. Das wasserhaltende Gewebe ist längst verschwunden.

Die wilde Atlantikküste zwischen Puerto Plata und Monte Cristi im Nordwesten des Landes

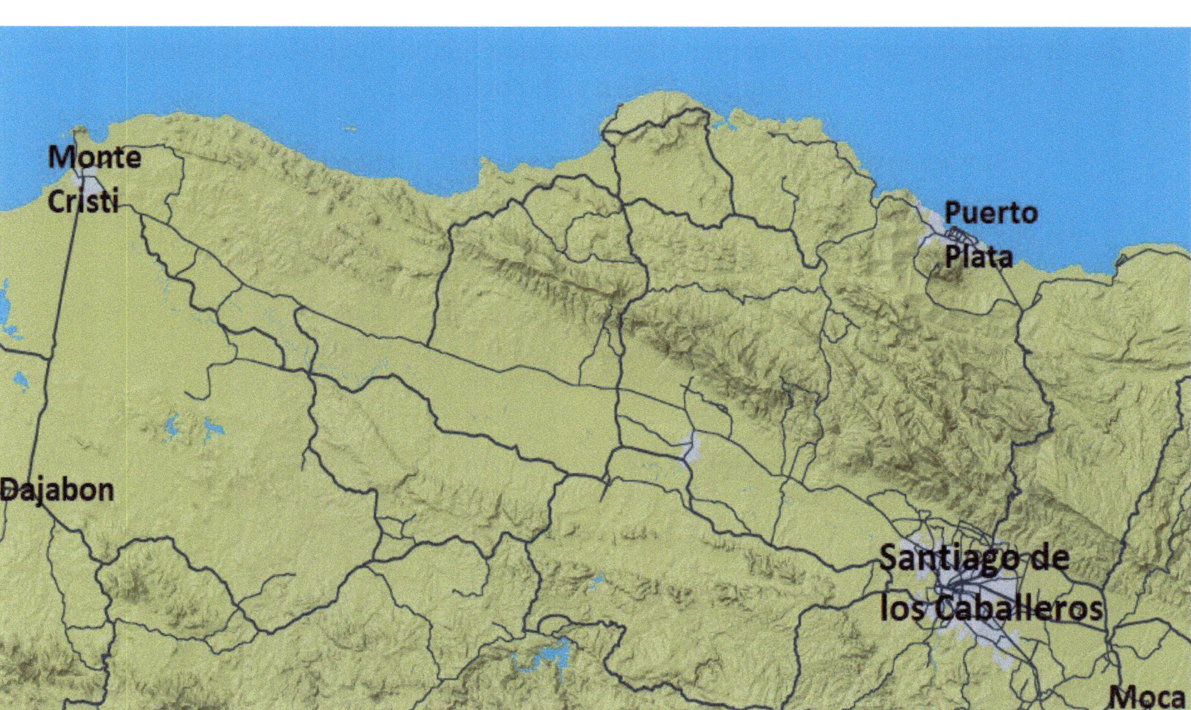

Villa Elisa. Ein Nest, das verschlafen an der Staubstraße liegt, die, von Osten kommend, nach Monte Cristi führt. Das Dorf liegt friedlich eingehüllt in Dornstrauchlandschaften, degradierte Überbleibsel einst stattlicher Trockenlaubwälder. Ziege, Kuh und Köhler haben hier ganze Arbeit geleistet und harren fast vergebens auf die Regenerationskräfte der Natur.

Noch eine Stunde bis Monte Cristi. Weite Ebenen, meist ackerbaulich genutzt, breiten sich aus. Es ist beinahe kühl, regnerisch. Die Asphaltstraße glänzt. Ein totes Maultier liegt am Straßenrand. Niemand kümmert sich darum. Maultiere werden nicht betrauert. Weder im Leben noch im Tod.

Es hat den ganzen Tag geregnet. Und wir sind froh, dass wir die klamme Kleidung in der Stube von Josefa und Antonio gegen Trockenes wechseln können. Und auch einen Schlafplatz auf dem sauberen Holzboden der „Sala" angeboten bekommen, als begehrlicher Ersatz für ein Zelt im Regen. Es ist Vollmond. Über dem Herdfeuer bruzzelt ein großer Topf mit Ziegenfleisch. Alles hat sich um den behaglichen Herd versammelt: wir, die Fremden aus der Hauptstadt, die Familie mit ihren zahlreichen Kleinkindern, die Enten und die zwei Hunde. Sie alle harren, vertrauend auf die Macht des Feuers, auf den in Bälde garenden Braten.

Der andere Morgen. Wir beladen unser Gefährt und machen uns auf den Weg nach Monte Cristi. An der Nordwestküste gelegen, ist dieses Städtchen von herben Landschaftselementen umgeben. Das Landesinnere ist landwirtschaftlich erschlossen. Extensive Weidewirtschaft wechselt ab mit Ackerflächen. Örtlich dominiert die Sisal-Agave. Manchmal bereiten sich riesige Sukkulentenzonen aus. Salz und Trockenheit, vor allem aber Übernutzung durch Weidevieh und Abholzen haben hier Halophyten wie Batis maritima, aber auch Kaktusgewächse begünstigt. Die säulenartig wachsende Art Pilosocereus polygonus kommt hier massenhaft vor. Kein Vogellaut dringt aus diesem Stachelwald, in den der Mensch eine breite Schneise geschlagen hat, um an den Küstensaum zu gelangen. Dort, hinter unzugänglichen Mangrovenzonen, verbirgt sich der Lebensraum der Seekuh.

Der Sinn steht Dir nach dem Mangrovensumpf; wo seeseits, in den fernen
Unterwasserwiesen,
das Manati seine letzte Heimat hat, das, zwischen Sumpf- und Wasserparadiesen,
in kleinen Herden sich noch zeigt.

Studieren willst Du jene Welt, in der es leicht nicht ist, den Fuß
in diese Geisterwelt von Stelzen hin zu setzen,
wo nur der Fischermann mit seinem kleinen Boot den Zugang finden kann.

Du lenkst den grünen Jeep zum Meeressaum, um zu erforschen, was von fern Du wähnst,
doch kilometerweit spähst Du vergeblich nach dem Baum,
der seine Wurzeln wie auf stelz´nen Füßen trägt.

Stattdessen grinst ein Dornenheer von Sukkulenten Dir entgegen,
die sonst sich nur in Regionen finden
dort, wo kaum ein Regentropfen fällt.

Der Kakteen-Hain steht wie ein Kerzenwald und schwingt den Dirigentenstab.
Vieltausend Pfeile sind auf dich gerichtet und wehren dir den Schritt
ins Inn're dieser Welt.

Dann endlich, wie das Licht nach einem schweren Pilgerpfad, siehst Du die Lagune.
Und als Kulisse, unerreichbar weit, zeigt sich der Geisterstelzenwald in seinem grünen Kleid.

Es gibt hier nur wenige Landschaftselemente, deren Zutritt durch den Menschen begrenzt sind. Dazu gehören die Mangrovensümpfe. Das Dickicht der eng anliegenden Stelzwurzeln, die den Fuß immer wieder abgleiten und ihn einsinken lassen in den Schlick, machen ein Vorwärtskommen zunehmend ermüdend. Dazu kommen gelegentlich Schwärme von Stechmücken und anderen Plagegeistern, die einem die Lust am Aufenthalt in dieser Zone nehmen. Dazu die beleidigenden Warnrufe von Schlangenhalsvögeln unterschiedlichster Arten. Aber einen Versuch war es wert, auf diesem Weg in das Reich der Seekuh einzudringen.

Da sind uns andere Organismen weit überlegen, weil sie diesem besonderen Lebensraum viel besser angepasst sind. Hier finden wir ein Heer von Gliederfüßlern, die vielfältige Lebensgemeinschaften mit Pflanzen und Tieren bilden; die Kinderstube zahlreicher Meeresfischarten, von immer schüchterner Fischbrut bis zum ehrgeizigen Barsch und jagendem Klein-Barrakuda ist alles vorhanden. Die Mangrovenzone ist ein tropischer Ökosystem-Komplex von unschätzbarer Bedeutung. In ihrem Schutz kommt hier noch die Seekuh, von den Einheimischen Manati genannt, vor. Ihre Population wird inzwischen streng geschützt. Das war früher nicht so. Sie kam in zahlreichen anderen Gegenden, auch im Raum Nagua vor. Und bis in die späten achtziger Jahre hinein stand ihr Fleisch, auch das der

Meeresschildkröten, auf den Speisezetteln zahlreicher Restaurants, vor allem in den Küstenregionen. Monte Cristi in Sicht. Von der Ferne grüßt uns der Zeugenberg „Monte Morro". Ein Tafelberg von dreihundert Metern Höhe wie aus dem Bilderbuch. Von dort aus kann man den Blick auf die raue, mit einem riesigen Felsen und von hohen Wellen gekennzeichnete Küstenzone genießen.

In der Provinz Monte Cristi liegt der Nationalpark, der bis zur nahen haitianischen Grenze und dem Fluss „Rio Masacre" reicht. Das Schutzgebiet umfasst vor allem eine großzügige Meereszone, die auch eine Inselgruppe, die „Siete Hermanos", umfasst. Und natürlich auch den Mangrovengürtel. Wir passieren einen breiten Fluss. Zwei Bäume stechen ins Auge. Sie sind - wie große weiße Blüten - von hunderten Kuhreihern besetzt; von jenen weißen Vögeln, die seit Trujillios Zeiten als Gastgeschenk des spanischen Caudillos Franco sich hier freudig vermehren. Schlafbäume, die von weitem voll blühenden Kastanienbäumen gleichen.

Nachts steigen wir in einer wilden Kaschemme ab, nachdem wir zwei akzeptabel aussehende Hotels wegen des Fehlens von Wasser nicht akzeptierten. Die Nacht in den fensterlosen Zimmern wird zur Qual, weil der Strom ausfällt und mit ihm auch die an der Decke hängenden, geflügelten Raumlüfter. Wir schwitzen wie in einer Sauna. Dann surren die Moskitos und fallen spielend in die löchrigen Moskitonetze ein. Endlich kommt der Strom zurück. Als wir das Licht einschalten um zu duschen, verschwinden große, lichtscheue Küchenschaben und retten sich in das Dunkel des unsäglichen Mobiliars. Wir können unmöglich schlafen und gehen nach draußen. Der Himmel ist mit Sternen übersät. Quakende Baumfrösche freuen sich auf das aufkommende Regenwetter. In der Ferne hört man Musik. Ein, zwei Häuser in der Straße haben noch Licht. Und auch der schon von weitem sichtbare Uhrenturm, das Wahrzeichen von Monte Cristi, ist beleuchtet.

Der andere Morgen. Ein guter Kaffee ist der Zauberer, der die Qualen der letzten Nacht abschütteln lässt. Da die internationale Konferenz über Küstenschutz, zu der wir geladen sind, erst nachmittags beginnt, besichtigen wir die nahe gelegenen Salzwasser-Salinen und später die Aufzuchtbecken von großen Garnelen eines chinesischen Unternehmers. Sie werden von Kleinfischen ernährt, die von Fischern der Umgebung angeliefert werden.

Chinesische Unternehmer. Seit den achtziger Jahren sind sie Rädchen eines ausgeklügelten Systems, das sich zunehmend wie ein Netz in Fincas, Restaurants und Supermärkten über das Land ausdehnt.

Der Konferenzsaal füllt sich. Eine Hundertschaft wohl gekleideter Damen und Herren aus verschiedenen lateinamerikanischen Ländern füllt mehr und mehr die Sitzplätze. Wir nehmen schüchtern in den hinteren Bänken Platz, um unser nicht ganz staubfreies Äußeres möglichst wenig in Kontakt zu der wohl gebotenen allgemeinen Kleiderordnung zu bringen. Ein monotoner Geräuschpegel liegt im Raum, verursacht durch die gedämpfte Unterhaltung der Gesellschaft. Dann betritt der Referent mit einem Manuskript das Podest mit dem Rednerpult. Artiger Applaus. Er säuselt über die Notwendigkeit des Küstenschutzes. Eine klassische Sonntagsrede, wie sie, wenn es um Naturschutz geht, in vielen Nationen dieser Welt abgespult wird. Applaus, danach Pause. Inzwischen stellen Helfer das Modell einer großzügigen Hotelanlage auf. Mangroven und der Monte Morro in künstlerischem Kleinformat dienen als optisch anzügliche Kulisse.

Was geht hier vor? Offiziell sollte doch allein der Küstenschutz auf die Agenda. Mit einem eindringlichen Appell an die Notwendigkeit der Erhaltung und Entwicklung des in einer

Trockenlandschaft eingebetteten Nationalparks. Und nicht eine Präsentation seitens des Ministeriums für Tourismus. Der zweite Redner erklärt das Modell: mehrgeschossige Bauten und angrenzende rundliche Übernachtungshütten mit ländlichen Strohdächern, die sich unter nur geringfügiger Modifizierung des anstehenden Mangrovengürtels harmonisch in die Umgebung eingleiten ließen ... und weist auf die wirtschaftliche Entwicklungsnotwendigkeit des bisher vernachlässigten Nordostens hin. Zahlen und Fakten werden genannt und wirken auf uns wie eine Grabrede auf den Nationalpark und wie ein Hohn auf die Ausführungen des Vorredners.

Wir sind enttäuscht und wollen diese Veranstaltung verlassen. Aber das Auftischen eines opulenten Buffets wirkt angesichts unserer knurrenden Mägen anregend und hält uns in wundersamer Weise davon ab. Dazu tritt eine Musikgruppe auf, mit Trommeln, Trompeten und Gitarren. Sie spielt Merengue und Bachata. Bald wird fleißig das Tanzbein geschwungen. Es ist, als ob jeder Latino das Tanzen mit der Muttermilch eingesogen hätte. Eine vielköpfige, multinationale Gesellschaft amüsiert sich wie eine Großfamilie mit lachenden, bisweilen kreischenden Frauen, die aussehen wie anzügliche Pralinenschachteln. Ein reizender Abend, mit gutem Essen und anregenden Getränken. Und aufschlussreichen Gesprächen mit freundlichen Vertretern ferner südamerikanischer Länder. Auch wir lassen uns vom Rum geschwängerten Reiz dieses Abends, dieser Nacht anstecken. Die Vorträge sind vergessen.

Nun, wir sind Angestellte einer Naturschutzbehörde. Wir dürfen forschen und Berichte schreiben. Und Erfolgserlebnisse erzielen, indem wir bisher unbekannte Tier- oder Pflanzenarten entdecken. Aber hinter uns ziehen Andere die Fäden. Wie sagte Sergio, unser Führer damals im Nationalpark Los Haitises? - „Amigo, lass das Sinnen ...“

Aber wieso steigt Sergio aus den Tiefen des Unterbewusstseins in diese illustre und feuchtfröhliche Szene? - Es ist unser Chef Emilio, der, nur leicht lallend und mit gelöster Zunge uns in dieser Nacht über die Hintergründe der damals zerstörerischen Holzeinschläge im Nationalpark aufklärte.

Der andere Morgen wirkt zunächst etwas bleiern. Auf dem Tagesprogramm steht eine Bootsfahrt in Richtung einer Inselgruppe, den „Cayos Siete Hermanos“. Wir steigen in ein etwa zehn Menschen fassendes Motorboot. Der Kanal, aus dem Mangrovensumpf herausgestanzt, bringt uns zum offenen Meer. Das Wasser ist klar. Türkisfarben leuchtet es bisweilen in grundnahen Bereichen. Über uns schwebt einsam ein Fregattvogel. Die See ist verhältnismäßig ruhig. Gelassen manövriert der Kapitän das Boot schiefwinkelig zu den Wellen. Dann fängt der Motor an zu streiken. Im Nu werden wir zum Spielball des Meeres. Aber zum Glück wird der Schaden rasch behoben, und es geht weiter. Bald tauchen Inseln auf, die wir aber nicht ansteuern. Dann, endlich nach fast zwei Stunden Bootsfahrt, die der Magen nicht romantisch fand, landen wir an einem von Seevögeln umschwärmten Eiland an.

Es ist eine mit dichtem Gestrüpp bewachsene Insel. Trotz der Ferne vom Festland sehen wir hier Fischerboote. Sind es die Fischgründe, oder, und wer kann oder will es hier kontrollieren, sind es die Eier der Seevögel oder der Schildkröte, die ihre lange Anfahrt erklären und eventuell belohnen? Das Papier, auf dem Paragrafen hinsichtlich Schutz eines Gebietes zu lesen sind, kann ohne entsprechende Überwachung nicht besonders wirksam sein. Wir landen an einem weißen, durch den Sand von Korallen gebildeten Strand, der die meisten von uns zu einem Bade einlädt.

Ich mache mich auf den Weg, habe eine unbändige Lust, die Insel zu umrunden und werde bald umschwirrt von tausenden von Vögeln. Die flimmernde Luft ist erfüllt von wilden Vogellauten, die an die Möwen der friesischen Küsten erinnern. Viele sitzen im Geäst der dicht wachsenden Sträucher. In Nestern. Manche sehen aus wie Seeschwalben mit weißer Brust und schwarzen Rückenpartien. Wie Robinson stapfe ich durch das knöcheltiefe Wasser auf dem hier abgestorbenen Korallengürtel, der der Insel vorgelagert ist und kleine Lagunen bildet. Käferschnecken, in Pariser Gourmet-Lokalen zu schwindelerregenden Preisen angeboten, haben sich hier unlösbar am Gestein festgesaugt. Gehäuse imponierender Köcherschnecken und anderer Arten liegen seelenlos im seichten Wasser. Das Gehäuse einer gewaltigen, wellhornartigen Schnecke und ein Heer von Schlangensternen ist unter losgelösten Korallenblöcken zu sehen. Sie sind scheu und verschwinden in dem löchrigen Gestein.

Es ist einer von jenen wunderbaren Momenten, wo der Forscherdrang hochkocht; wo das Auge gierig die unruhigen Wasserflächen abtastet, während das Ohr von den aus tausenden von Kehlen herausgepressten Vogelschreien überflutet wird. Eine nie so empfundene Tonkulisse, die wie ein fast monotoner Geräuschpegel über der Insel liegt. Der Blick über die Flachzone dieser Koralleninsel geht über das Meer und endet am fernen Monte Morro, dem Wahrzeichen von Monte Cristi. Es ist wie ein abruptes Erwachen aus einem wunderschönen Traum, als ich von Ferne ein mehrfaches Hupen aus der Bootskajüte vernehme. Man will zurück.

Von Monte Cristi nach Dajabon

Für den Reisenden bietet diese Strecke eine Fülle reizvoller und aufregender Aspekte. Die Fahrt über die Teerstraße ist angenehm und führt durch ausgedehnte Trockenwälder, die durch die Machetenhand des schwarzen Köhlers deutliche Spuren aufweist. Örtlich dominieren säulenförmige Cereus-Kaktusgewächse von über drei Metern Höhe. Die Vogelspinne ist hier nicht selten. Wer als Interessierter hier nachts unterwegs ist, erkennt diese braun- bis schwarzfarbenen Piraten unter den Riesenspinnen nicht selten im Lichtkegel auf der Straße, da sie nachts auf die Jagd gehen.

Südlich des Nationalparks lassen wir unseren Jeep stehen. Nach einem längeren Fußmarsch durch extensive Weideflächen, Reisfelder und Bananenhaine erreichen wir die Laguna Saladilla, einen der größten Süßwasserkörper in dieser niederschlagsarmen Landschaft. Diese quadratkilometergroße Senke ist von hügeligen Zonen umgrenzt. Im anstehenden Kalkgestein findet man noch heute versteinerte Meerestiere wie Schnecken und Austern. In einer kleinen Aushöhlung entdecken wir ein Vogelspinnen-Muttertier mit ihrer wuseligen Brut. An verlandenden Randzonen der Lagune haben sich dichte, sich örtlich auftürmende Wasserhyazinthen-Herden angesiedelt, deren Blüten wie ein blauer Schleier über dem satten Grün der mastigen Blätter liegen. Ein Fischer, beladen mit Buntbarschen und Welsen, nähert sich uns mit seinem kleinen Holzboot. An einer Schlingpflanze, die er sich um seinen Hals gelegt hat, baumelt ein totes Wasserhuhn. Wilde Enten dümpeln zwischen den sombreroförmigen Blättern der Lotus-Blüte (Nelumbo), die sich in der Mitte der Lagune üppig angesiedelt haben. Die Art gleicht unserer heimischen Seerose sehr ähnlich, bildet aber eine eigene Familie (Nelumboceae). Die Randzonen sind örtlich von dichtem Rohrkolben (Typha domingensis) eingenommen. Vereinzelt kommt auch Cyperus papyrus auf, jenes Hoch-Sauergras, das in den periodisch überschwemmten Zonen Schwarzafrikas riesige, nahezu undurchdringliche Dickichte bildet, und, aus ökologischer Sicht, ein Bollwerk gegen Erosionsschäden von Fließgewässern bildet.

Nördlich von Dajabon liegt die Laguna Saladilla

Im Wasser dümpeln zahlreiche Wildenten. Wie ein Riesenmagnet ziehen sie ein Heer von Jägern an, die nicht nur in den Reihen betuchter Dominikaner zu finden sind. Hier in einer Gegend, wo Ordnung und Gesetze von Schmugglern und Militärs zwischen Haiti und der Dominikanischen Republik geregelt werden, findet sich ein Vielerlei an illustren Gestalten in der Szene, auch aus dem nahen Puerto Rico. Geld ist eine Macht, die, einer großzügigen Waschanlage gleich, viele Sünden legalisieren kann.

Der Fischer mit seinem Einbaum legt an. In uns erwächst eine unbändige Lust, den See zu erobern. Forscherdrang. Noch nie haben wir eine solch großzügige Ansammlung von Lotusblüten auf einem See gesehen. Aber sein Einbaum kann nicht alle von uns aufnehmen. Die Lösung erweist sich als einfach: die Nichtschwimmer wie Freddi unter uns verzichten großzügig auf die Einladung in das schwankende Boot, die anderen nehmen Platz und freuen sich auf die spontane Exkursion in den See. Das Vorwärtskommen gestaltet sich schwierig, und der Bootsführer muss kräftig den Stock betätigen, mit dem er das Boot durch die dichten ufernahen Pflanzenherden bewegt. Dann erreichen wir eine nahezu offene Wasserfläche, wo das Boot nur noch von der Unterseite her von Kosmopoliten wie Hornkräutern und der heimischen Wasserpest ähnlichen Wasserpflanze gestreichelt wird. Große und kleine Libellen tanzen.

Wir verlassen die Unterwasserpflanzen-Zone und nähern uns den Lotusblüten. Ihre Stängel sind zwei bis drei Meter lang und warzig. Bisweilen tritt hier die rosettenförmig wachsende Pistia stratoides auf. Sie erinnert an eine Herde von schwimmendem Salat. Diese Art ist im innertropischen Bereich weit verbreitet. Hier ein Beispiel aus einem Savannengebiet zwischen Ruanda und Tanzania der siebziger Jahre: Ich nähere mich mit einem Geländefahrzeug einer Wasserfläche im „Kagera-Park" von Ruanda. Die Papyrussümpfe in dieser Gegend bilden die Naturgrenze zu Tanzania. Ein Grenzraum, bewacht von Krokodilen und Nilpferden. Ich bewundere die dichte Wassersalat-Zone, als diese sich plötzlich nach oben bewegt. Ein Vorgang, der außerordentlich ungewöhnlich ist. Aber auch Ungewöhnliches findet Erklärung, manchmal in Sekundenschnelle. Es ist hier der Körper eines Nilpferdes, der aufgetaucht ist, den Rücken bedeckt mit der Pistia.

Wie wird es mit diesem herrlichen Ökosystem Laguna Saladilla weitergehen? Die Meinung der Ökologen ist besorgniserregend. Ein Teil des Wassers wird aktuell zur Bewässerung landwirtschaftlicher Flächen genutzt. Der Rio Masacre, der die Lagune speist, soll ebenfalls für Bewässerungsprojekte umgeleitet werden. Eine Verlandungstendenz ist aktuell schon nicht zu übersehen. Kann man solchen Entwicklungen entgegensteuern? Man kann über die makabren Folgen einer Übernutzung trefflich diskutieren, kann beispielsweise den Aral-See in Kasachstan vor Augen führen. Leider haben Ökologen und ihre Ratschläge keine Lobby.

Wir fahren weiter nach Dajabon, eine Grenzstadt etwa so groß wie Kehl am Rhein, nur heißt der Grenzfluss Rio Masacre. Der Name erinnert an ein Massaker an den Haitianern zu Zeiten des dominikanischen Diktators Trujillo. Hier endet unsere aufregende Fahrt, und wir suchen eine Familienpension. Natürlich werden wir danach den berühmten binationalen Markt auf der haitianischen Seite besuchen, der wöchentlich stattfindet.

Teil II: Der Osten

Wir werden die Universitätsstadt Nagua mit ihren reizvollen Stränden und der ländlich geprägten Umgebung mit ihren fruchtbaren Zonen besuchen, bevor wir die Halbinsel Samana erreichen. Die kleinen Fischerdörfer, die auf dem Weg zu Las Galeras liegen, lassen den schnöden Alltag vergessen. Später geht es mit Boot oder Fähre hinüber über die Bucht von Samana nach Sabana de la Mar, wo ganz in der Nähe der Nationalpark Los Haitises mit seinen Geheimnissen auf uns wartet. Eine mehrtägige Reise in das Innere dieses Parks wird in einem gesonderten Kapitel behandelt. Bevor wir die Insel Saona betreten, warten noch zwei reizvolle Lagunen auf uns...

Nagua

Die mittelgroße Küstenstadt mit einer Universität liegt im Nordosten des Landes. Ein Besuch zum Markt gibt Aufschluss über die lokalen landwirtschaftlichen Produkte, deren opulente Palette jeden Koch begeistert. Um die Stadt herum werden Sonderkulturen wie Reis, Kakao und Kaffee erzeugt. Selbst aus fernen Hügelzonen kommen Händler mit Waren, die auch den aufgeschlossenen Touristen in Erstaunen versetzen: da werden Sättel für Esel und Maultiere einschließlich Bauchgurt und Zaumzeug angeboten. Auch selbst gesammelte Heilkräuter mit vokalreichen, indianischen Namen, gegen sämtliche Krankheiten geeignet, lose oder in Flaschen, werden von älteren Landfrauen angepriesen. Die betonte Länge ihrer Röcke ist nicht notwendig, da der von Männern geführte Blick eher zu den leichtröckigen Tanzbeinen der Jüngeren strebt.

Gehäuft stehen Männer am Lotteriestand und werfen laut diskutierend die Arme nach oben. Fischer schleppen die Beute der vergangenen Nacht zu den Händlern. Die zahlreichen Geschäfte sind in der noch frühen Morgenstunde bereits geöffnet und bieten ihre vielfältigen Waren dem Publikum an.

Hier, auf diesem Markt, wird jeder mitteleuropäische Koch und Metzger zum Lehrling. Nämlich dann, wenn er jene Stände passiert, wo Fleisch in jeglicher Art für den Küchentisch zubereitet wird. Ungläubig sieht er, wie sich eine komplette Schweinehälfte innerhalb einer einzigen Minute in drei Fleischberge verwandelt: der eine Berg besteht aus Koteletten. Sie wurden nicht, wie bei uns üblich, mit dem langen Fleischermesser geschnitten, um dann am Rippenansatz mit dem Hackebeilchen durchtrennt zu werden. Nein. Ein einziger, gezielter Hieb mit der Machete genügt.

Vorher wurde die hier üppige Fettschicht entfernt, die vor allem für den Kunden mit dem kleinen Geldbeutel gemünzt ist. Sie wird hier „Manteca" genannt und erhöht die Geschmacksqualität vieler täglicher Gerichte, die vor allem bei der Landbevölkerung aus Kochbanane, Reis oder Maniok besteht. Der dritte Fleischberg besteht aus Vorder- und Hinterschinken. Passieren wir naserümpfend jene Abteilung, wo das weißfarbene Fleischhuhn in ebenfalls bewundernswerter Zeitdimension küchenfertig zubereitet wird, und wenden wir uns der opulenten Fisch-Abteilung und anderen Wassertieren zu. Der Focus fällt hier insbesondere auf die große Meeresschnecke, Lambi genannt. Man kann daraus eine Menge auserlesener Gerichte machen, serviert mit verschiedenen Soßen oder Mayonnaisen. Und ganz zu schweigen von der Vielzahl von Fischen, von Weich- und Krustentieren. Allein der Würdigung des kulinarischen Aspektes wäre es geschuldet, sich hier für eine gute Weile niederzulassen.

Ich hatte die Gelegenheit, in Nagua mehrere Jahre bei einer Nicht-Regierungsorganisation zu arbeiten. Dabei wächst man automatisch in das Geschehen der näheren Umgebung hinein. Und es lohnt sich, von hier aus Tages-Exkursionen in verschiedene Richtungen zu unternehmen. Aber auch das Verweilen an den weiten Sandstränden der Umgebung ist sehr reizvoll. Und das Schnorcheln. Es gibt Riffe, die etwa einhundert Meter vom Strand entfernt liegen, und die man unschwer am schaumigen Brechen der Wellen erkennen kann. Die vielfältige Korallenwelt, die örtlich treppenartig nach unten führt und die bunten Fische mögen einen welterfahrenen Taucher wie meinen Bruder Walter nicht von der Flosse springen lassen. Aber für den Gelegenheits-Schnorchler ist es jedenfalls ein Erlebnis.

Das Leben der Küstenstadt wird insbesondere in Meeresnähe periodisch von Wirbelstürmen, Starkregen und Flutwellen beeinflusst. Das bekommt vor allem die mittellose Bevölkerung zu spüren, die in Strandnähe ihre Blechhütten aufgebaut haben. Wenn sie Glück haben, können sie Jahre lang unbehelligt dort leben. Wenn jedoch der „Blanke Hans" über ihren Dächern tobt, kann es gefährlich werden...

Es ist, als ob ein Nebelfeld, wie eine Mauer, die Küstenzone grau umschlingt,
und aus dem Dunst, der mehr und mehr vom düster' n Himmel fällt,
löst sich der Regenschauer.

Als ob jeder Nebelfetzen kübelweise sich ergießt,
so öffnen sich die dunklen Himmelstore, und in den Straßenzügen sammelt sich die Flut,
die wie ein wütend' Bach zum Meere fließt.

Und dann schleicht sich das Schwarz der Nacht jäh in die Kraft der Regenschäume,
die unbarmherzig in die Palmendächer dringen.
Und fröstelnd zieht die klamme Hand die Decke her, die längst schon feucht und schwer
im zähen Schlamme klebt.

Eine zu Fuß geeignete Tages-Exkursion führt in das Innere des Landes, in Richtung San Francisco de Macoris. Der geneigte Fußgänger wird nach einem einstündigen Fußmarsch bei dem nahen Ort EI Factor seine verdiente Rast einlegen und dann wieder nach Nagua zurückkehren. Dabei hat er eine Bauernlandschaft erobert, die an Bodenfruchtbarkeit ihresgleichen sucht. Ausgedehnte Reisfelder wechseln ab mit einer hier uralten extensiven Form von Landwirtschaft, die man „Agro-Forst" nennt. Eine Urform von ökologisch angepasster Landwirtschaft, die in drei Etagen stattfindet. In den bodennahen Bereichen werden schattenverträgliche Gemüse extensiv angebaut. Dazu gehört unter anderem eine Kolochasienart aus der Familie der Aronstabgewächse, deren unterirdische Knolle man wie eine Kartoffel kochen kann. Auch die Süßkartoffel, ein Windengewächs, ist hier anzutreffen. Und in mitteleuropäischen Wohnzimmern nicht selten kultivierte Zierpflanzen aus der Familie der Commelinaceae, die hier verächtlich als Unkräuter betrachtet werden. Die traditionelle Volksmedizin wird bei den vor allem reiferen Landfrauen seit urdenklichen Generationen praktiziert. Auf einer internationalen Tagung, wo es um den Austausch von Kenntnissen hinsichtlich Heilkraft von Pflanzen ging, örgelte ein männlicher Teilnehmer, halsumwickelt mit einem Blutdruck-Messgerät, dass Medizin und Gesundheit doch wohl ausschließlich in die Hände von Ärzten gehöre. Darauf meldete sich ein stattliches, vierschrötiges Landfrauenbild zu Wort und sagte unter anschließendem überwältigendem Applaus, dass die Volksmedizin mit der Heilkraft der Pflanzen dem Volke gehöre und nicht Ärzten, die keine Ahnung von durch Armut und Fehlernährung verursachten Krankheiten hätten. Landfrauen. Sie müssten sich weltweit organisieren, nicht nur mit ihren seelenverwandten Kolleginnen im nahen Haiti.

In der mittleren Etage wird die Kochbanane, örtlich auch der Kakao-Strauch, angebaut. Er gehört zu den Malvengewächsen, seine Früchte wachsen an den Stämmen. Die in einer weißlichen Masse geborgenen, braunen Bohnen werden getrocknet und fermentiert. In dieser Etage wird örtlich auch der deutlich kleinere Kaffee-Strauch angebaut. Die in den roten, der Kirsche ähnlichen Früchten enthaltenen hellfarbenen Bohnen werden in den ländlichen Haushalten in der Pfanne geröstet und im Mörser zerstoßen.

Die dritte Etage bildet einen der stattlichsten Schmetterlingsblütler der Karibik, Erythrina poeppigiana. Ein Baum von zwanzig Meter Höhe mit weit ausladender Krone. Die periodisch fallenden Blätter dieses Stickstoffsammlers bilden eine Humus-Schicht, die im kühlen Schatten eine natürliche Nährstoffquelle entwickelt. Die neuen Blätter bilden sich erst geraume Zeit nach der Blüte, so dass die unteren landwirtschaftlichen Kulturen einen zeitlich relativ langen und hohen Lichtgenuss erfahren. Während der Blütezeit ist die Art schon von weitem an den hellroten Blüten zu erkennen. Diese Agro-Forst-Kultur ist nicht auf dem Sattel wissenschaftlicher Ergüsse geboren. Sie ist Ergebnis einer traditionellen, auf generationsübergreifender Erfahrung gestützten Praxis, die man in dieser Gegend bis in die Region San Francisco de Macoris bewundern kann. Bei befriedigenden Erträgen und unter Verzicht von teuren Düngern und Pestiziden.

Eine weitere mögliche Marschroute führt ebenfalls ins Innere des Landes. Die Ausgangsstraße im nördlichen Teil Naguas führt über den „Rio Boba" in Richtung Cabrera. Aber bereits innerhalb Naguas, dem Ortsteil „Quinientos", führt ein Weg in Richtung „El Drago", ein Dorfflecken mit Subsistenz-Landwirtschaft. Ein der Zivilisation müder Eremit könnte sich hier, umgeben von munteren Kindern, prächtigen Hühnern und sonstigem Getier, wohl fühlen. Der erste Wegeabschnitt sollte möglichst nicht in der Regenzeit durchmessen werden.

Zeitweise ist diese Zone überschwemmt. So ist es nicht zu verwundern, dass die ländlichen Kulturen von üppigen Bananenplantagen und Colochasia-Anpflanzungen geprägt werden, auch von Weidegebieten. Später wird das mit Bächen durchzogene Gebiet hügeliger. Der interessierte Wanderer erlebt hier ein eigenwilliges Ambiente, wo der Blick aufgrund der Geländemorphologie immer wieder durch Hügel und Baum- bzw. Gebüschformationen gebremst wird. Dazwischen liegen extensiv bewirtschaftete Zonen. Hier wächst praktisch alles, was der in den humiden Tropen tätige Bauer sich wünschen kann. Und das Faszinierende liegt darin, dass sich naturnahe Sekundärvegetation mit Elementen der traditionellen Agro-Forstwirtschaft verwebt. Überhälter aus früheren, natürlichen Waldgesellschaften wie Bombacopsis emarginata (Bombacaceae) mit gewaltigen Bretterwurzeln säumen und stabilisieren natürlich mäandrierende Bachufer; Vertreter von Lorbeergewächsen weisen als potentielle Zeugen zu einstigen, vielartigen Lorbeerwäldern. Selbst Mora abottii (Caesalpiniaceae), hochabundanter Vertreter der noch natürlichen Feuchtwälder der Nordkordillere, ist hier vereinzelt zu erkennen.

Aber diese Baumarten sind Überhälter. Reste einer ehemaligen natürlichen Waldlandschaft, deren Urcharakter bereits seit Jahrzehnten verschwunden ist. Freut man sich, dass Reste noch da sind oder sollte eher Trauer angesagt sein, weil man mit ihnen ob der veränderten Situation mitfühlt? Überhälter. So lange sie noch da sind, laden sie uns noch ein, von vergangenen Zeiten zu schwärmen, wo die Natur noch intakt war. Und zu hoffen, dass sie uns noch lange erhalten bleiben. Doch dann, im Geäst von Bäumen am nahen Bach, erstarrt das Auge und gewahrt eine gewaltige Liane mit schwangeren, fast meterlangen, gebogenen Schoten, die über dem Fließgewässer wie Girlanden hängen: Entada gigas, eine Fabaceae. Ihre Samen sind kastaniengroß und braun und aufgrund vorhandener Hohlräume extrem schwimmfähig. Fallen sie in ein Fließgewässer, können sie weit verbreitet werden. Selbst an fernen, außertropischen Meeresküsten hat man sie schon gefunden.

Natürlich kann der sportliche Strandläufer sich auch, von Nagua aus, in Richtung Cabrera bewegen. Der Küstensaum mit den benachbarten Kokospalmenhainen birgt viel Interessantes aus der Welt der Mollusken und der Krustentiere. Es gibt Wanderer, die stundenlang in dieser dynamischen Zone zwischen Meer und Wasser unterwegs sein können und kaum ermüdet sind, wenn sie nach zehn Kilometern Fußmarsch das Mündungsgebiet des Rio Boba erreichen. Dort wartet eine reizvolle Mangrovenlandschaft darauf, erobert zu werden.

Für unsereins wäre dieses Abenteuer für einen Tagesmarsch genug. Ein Marathon-Wanderer würde auf seiner Weiterreise in Richtung Cabarete gewaltigen Kalkfelsenformationen begegnen. Adler finden hier für den Menschen unerreichbare Horste. In der Nähe von „Playa Grande" befindet sich eine kilometerlange Golfanlage, die im Jahr 1997 eröffnet wurde. Ein privates Gelände, das mit einem stattlichen Zaun am Rande der Küstenstraße versehen wurde.

Privatgelände. Betreten verboten. Während sich hier die Schönen und Reichen dieser Welt auf der gepflegten Rasenanlage mit ihren zahlreichen Löchern und in den mondänen Hotels amüsieren, hatte man der in den angrenzenden Kalkbergen wohnenden Landbevölkerung buchstäblich das Wasser abgeschnitten, das sich als Quellen im küstennahen Bereich in das Meer ergoss. Und durch den Zaun nicht mehr zugänglich war. Natürlich wurde dieser durchgeschnitten, und ein laut protestierender Menschenauflauf machte auf ihre Rechte nach Wasser aufmerksam.

Solche Ereignisse sind im Land nicht selten. Der Zusammenstoß zwischen erworbenem Privateigentum und dem Wunsch, dieses mit Zaun oder Mauer abzugrenzen, gerät in Konflikt mit einer seit Generationen sesshaften Bevölkerung. Das uralte Gewohnheitsrecht, von einem Punkt zu einem anderen zu gelangen, stößt zunehmend auf Mauern und Stachelzäune und hinterlässt Hass und Feindschaft. In einer netten Bar in der Stadt Samana traf ich einst auf einen kurzbeinigen, europäischen Sitzriesen mit einer seltsamen, tätowierten Schussverletzung an der Hand. Er hatte ein opulentes Grundstück erworben und dies eingezäunt, ohne die Nachbarn zu fragen. Die Reaktion war ein wohl gezielter Schuss mit der Harpune mit ihrem dreizackigen Pfeil.

Wenn wir das mondäne Ambiente der Golfspieler im Küstenbereich verlassen und die nahen, aber küstenfernen, von spitzen Karstformationen geprägten Felsenwelten besteigen, lernen wir eine völlig andere Welt kennen: eine von Subsistenz getragene Subkultur ärmster Bauern, die sich vor allem durch sich aneinander reibende Magenwände auszeichnet. Auch an den mageren Haustieren und der begrenzten Assimilationsrate der auf dem kargen Substrat darbenden Kulturpflanzen erkennt man die Armut.

Aber hier finden sich andere Schätze. So wie im fernen Nationalpark Los Haitises gibt es tausende von Höhlen unterschiedlichster Ausdehnungen, wo jegliches Eindringen ein Abenteuer wäre. Dabei geht es nicht nur um ein tonnenweises Entdecken von Guano, den Hinterlassenschaften unterschiedlichster Fledermaus-Arten, in denen der Stiefel bis zum Schaft versinkt; an ewige Dunkelheit angepasste Schöpfungen wie der überlangfüßige Weberknecht, Knochen und Schädel.

Die Küstenstadt Nagua und ihre fruchtbare Umgebung, die den Wanderer in alle Richtungen zum Erkunden einlädt

Und da ist noch ein Tier, das durch seine von Kalksplittern gekennzeichnete Losung identifizierbar ist: „Solenodon paradoxus". Es handelt sich um ein Insekten und Mollusken fressendes Säugetier aus der Familie der Schlitzrüssler. Das mardergroße Tier galt viele Jahre als ausgestorben.

Von der Stadt Nagua aus führt ein anderer Strandgang in südöstliche Richtung. Das Tagesziel soll der Fischerort Matancitas sein. Man überquert zunächst eine Brücke, deren Straße in Richtung Samana führt. Es lohnt sich, hier stehen zu bleiben und den Blick im gemächlich dahinfließenden Wasser des Rio Nagua zu versenken. Hier vermischt sich, im Rhythmus der Gezeiten, das Flusswasser mit dem salzigen Meer, aus dem meterlange Trompetenfische hochsteigen und sich im Brackwasser mit dem salztoleranten Tilapia in den Stelzwurzeln der nahen Mangroven begegnen.

Nach zwei Kilometern Marsch kann man sich bereits gemütlich an einem Strandbier laben. Der mit Wochenend-Häusern besiedelte Strand als willkommener Zwischenstopp wird „Playa de Gringos" genannt. Der Begriff „Gringo" wird aus vietnamesischer oder auch mexikanischer Sicht zwar geringschätzig benutzt, wird aber hier weniger hart interpretiert. Hier errichteten amerikanische Rentner ein Domizil aus mehreren Steinhäusern, um wohl ihren Lebensabend am warmen Meer zu verbringen. Leider hat ihnen die Natur einen Strich durch die Rechnung gemacht. Die ganze Gegend unterliegt geologisch einem Senkungsprozess. Dies kann man an Straßenzügen in Nagua deutlich sehen, die in Strandnähe bereits vom Meer verschlungen wurden, und so ist es auch zahlreichen Häusern der besagten Rentner ergangen.

Nach einem weiteren, gut halbstündigen Marsch am Strand erreicht man den Ort Matancitas. Man hat sich Zeit gelassen, weil das nimmermüde Wellenspiel des Ozeans eine Vielzahl von interessanten Objekten an den Strand gespült hat, unter anderem auch die hier zahlreichen Außenskelette von Seesternen.

Hier in der Nähe liegen Korallenriffe. Man erkennt sie an den Wellen, die sich brechen und weiße Schaumkronen hinterlassen. Den Neugierigen laden sie zu einem Schnorchelgang ein, mit einem Blick in die bunte Welt artenreicher Korallenfische. Vorher überwindet man eine mindestens einhundert Meter lange Flachwasserzone, die örtlich bis zur Schulter reicht. Dann, endlich, wird das Riff erreicht, und man stellt fest, dass es notwendig gewesen wäre, mit einem festen Schuhwerk ausgestattet zu sein. Denn das Leben am Riff findet nicht an der Strandseite statt, sondern meerseits, und man muss spitze Korallenkalkzonen überwinden.

Dort geht es in unterschiedlichen Etagen nach unten, und man lenkt den Blick zunächst in die unergründlichen Weiten des Meeres, wird aber schnell emotional überwältigt von der faszinierenden Farbenpracht und Formenvielfalt der Fischfauna und der Korallenwelt. Ganze Schwärme dunkler Doktorfische wechseln ab mit fast meterlangen, grünen Papageienfischen, die nimmermüde die uralten Korallenstöcke untersuchen. Sie sind scheu, entziehen sich dem neugierigen Blick und suchen Schutz in den unzähligen Nischen des hier fast senkrecht nach unten abfallenden Riffes. In den oberen Zonen neigt sich die Riffwand kühn dem Meer entgegen. Hier, wo die kühlen Wellen geschwängert sind mit Sauerstoff, wächst der Korallenstock mit seiner weichen Bedeckung vital, bildet örtlich bauchartige Vorsprünge, die wie löchrige Pilzkappen wirken.

Aus dem bläulich-farbenen Halbdunkel des Meeresbodens löst sich eine zunächst scheinbar kugelförmige Gestalt, die sich beim Näherkommen eher als Scheibe entpuppt. Sie hat die Form eines Mondfisches, misst im Durchmesser wohl einen Meter. Wie Wimpel sind Rücken- und Bauchflosse aufgesetzt und werden lebhaft seitlich hin- und herbewegt.

Knapp fünf Meter unter mir sind die Konturen eines großen Drückerfisches zu erkennen. Um das Ganze näher zu studieren, verlasse ich die oberen Partien der Riffkante und stoße mit kräftigen Schwimmbewegungen nach unten. Der Fisch verschwindet in einem höhlenartigen Einlass in der Korallenwand. Nur knapp weiter ist der sandige Meeresboden, wohl aus unzähligen Partikelchen abgestorbener Muscheln, Schnecken und Korallenskeletten zusammengesetzt.

Lunge und Gehirn signalisieren, nach oben zur atmosphärischen Luft zu gelangen. Da löst sich ein Schatten aus dem Schleier des Wasserdomes, nimmt die faszinierende Gestalt eines riesigen Fisches an, dessen imponierende Brustflossen wie stabilisierende Pflugschare am stahlblauen Körper abstehen. Ein Hai. Ein zwei Meter großes, langgestrecktes Paket an Muskelkraft mit weißen Flossenspitzen.

Ich bin trunken, völlig verwirrt und fasziniert von dieser Erscheinung, die wie ein ferngelenkter Schwimmkörper, mich völlig ignorierend, in nur wenigen Metern vorüberzieht, um dann im Blaudunst des Meeres zu verschwinden.

Der Riffhai

Du tauchst am Riff, dort, wo die Korallenwand zur Tiefe flieht.
Wie in der Welt des Schweigens hoher Bergmassive,
so hängst Du - schwerelos - am Überhang.
Und blickst nach unten, da, wo just der Drückerfisch im Fels verschwand.

Gefällig folgt das Auge jener Farb- und Formenpracht,
die nur die Zauberwelt der Tropenmeere birgt.
Und wie ein König fühlst Du Dich im Wogentanz,
der dieses Leben wirkt.

Dann kommt's heran, erst schemenhaft,
wird mehr und mehr ein Flossenboot aus Muskelfleisch und Kraft
und zieht - kometengleich - ganz nah an Dir vorbei,
um wieder in der Schleierwelt der Meeresweiten zu entschwinden.

Und Dir wird klar, oh Menschenwurm,
dass Du nur Gast in diesen feuchten Welten bist;
dass der, der achtlos, stolz an Dir vorüberzog,
der wahre König dieser Zonen ist.

Meine deutschen Begleiter Kurt und Ernesto warten auf die Fischerboote, die um vier Uhr nachmittags anlanden werden. Die dreiköpfige Besatzung darf nur heimlich einen Teil ihrer aus dem Meer entführten Beute an uns Touristen verkaufen, das meiste geht an die "Patronos". Das sind die Eigentümer der mit Motoren und Pressluftgeneratoren ausgestatteten

Booten mit dem Lenker und zwei in kälteschützenden Anzügen gekleideten Tauchern, die den Korallenfisch und den nach Schnecken und Muscheln suchenden Ammenhai mit der Harpune erlegen. Die Tätigkeit der professionellen Taucher ist - wie bei allen Fischern der Welt - hart und gefährlich. Ein nicht seltenes Versagen des luftfördernden Generators kann zu gesundheitlichen Schäden führen.

Matancitas. Die arme Bevölkerung wohnt am Strand in behelfsmäßig wirkenden Hütten, die bis zur Straße reichen. Ihre Vorfahren waren Opfer eines Seebebens. Damals ging das Meer in wundersamer Weise zurück, und man konnte Fische wie Falläpfel einsammeln. Aber nur für kurze Zeit. Dann kam es mit Wucht wieder nach vorn und verursachte große Schäden. Ob dieses Ereignis mit jenem in der Stadt Samana zusammenhing, wo damals nur noch die alte Holzkirche übrig blieb, ist dem Autor nicht bekannt. Es gibt Quellen, die dort von Bränden berichten. Heute ist Matancitas auch über die Straße hinaus gewachsen. Und der einstige Fischerdorf-Charakter metamorphiert zu einem Wochenend-Naherholungsgebiet für die Bevölkerung von Nagua.

Es lohnt sich, in Matancitas eine preiswerte Bleibe für die Nacht zu suchen; denn „Los Yayales" mit einem ausgedehnten Mangrovengebiet, durch das ein breiter Fluss, der „Gran Estero", führt, ist nicht mehr weit, und dort wollen wir hin. Nächtens begegnen wir an einer der zahlreichen Strandbars einem durstigen Fischer, der Besitzer eines Bootes ist und unser abenteuerliches Unternehmen unterstützen möchte.

Der andere Tag. Das Boot wartet unter dem Schatten eines Guazuma-Baumes, der am Stamm mit einem mächtigen, dornenbewehrten Wolfsmilchgewächs - Hura crepitans - verwachsen ist. Das Wasser des „Gran Estero" ist durch Huminstoffe bräunlich getrübt und leicht salzig. Wir fahren los. Die Ufersäume sind eingefasst von Mangrovengehölz, bisweilen überwuchert von Schlinggewächsen. Manche zeigen ihre weißen, trichterartigen Blüten.

Die Sonne steht hoch, bricht sich jedoch nur dort im Wasser, wo sich der oft dichte Schirm der Mangroven nicht bogenförmig über den Fluss gelegt hat. Lichtspiel zwischen tiefen Schatten und hell glitzernden Zonen. Unter den Mangroven dominiert Rhizophora mangle. Diese in den Tropen kosmopolitische Art türmt sich örtlich zehn, fünfzehn Meter hoch, während ihr ausladendes Stelzwurzelsystem nach unten strebt. Stellenweise gibt es Zonen mit einer anderen Art, Laguncularia, die in weniger überschwemmten Bereichen wächst.

Nicht überall sind die Bestände intakt; große Zonen wurden hier bereits geschlagen, gerodet, in Kokospalmplantagen umgewandelt. Man munkelt, das Militär stehe dahinter. Wahrscheinlich munkelt man zurecht. Diese korruptionsholde Maschinerie hat sich wie ein Riesenkalmar über das Land gelegt und hat so manches Geschäft fest in ihrer Hand.

Wir halten unsere Kameras schussbereit. Hinter jeder Biegung kann es etwas Unerwartetes geben. Die Augen tasten forschend das Gebüsch, die Bäume, aber auch die Wasserflächen ab. Reihervögel steigen auf und verschwinden krächzend im Innern dieser dichten, dunkelgrünen, immer wieder geheimnisvollen Wasserwaldzone.

Das Boot bewegt sich nunmehr in einer breiteren Lagune, die von einem dichten Vegetationsgürtel vom Meer getrennt ist. Die glänzend-grünen Mangrovenblätter spiegeln sich im dunklen Wasser. Kleine Schnecken hängen im Geäst, in dem sich Krabben in unterschiedlicher Form und Größe bewegen. Zonen mit dichten Mangrovenfarn-Beständen sind stumme Zeugen einer unsinnigen, kurzfristig orientierten Holzgewinnung und wechseln ab mit undurchdringlichen Bereichen des Stelzwurzelwaldes, der sich gebüsch- und baumartig präsentiert. Schlangenhalsvögel bringen Farbe und Leben in dieses örtlich friedlich scheinende Idyll.

Das schlanke Boot dringt in einen Seitenkanal ein. Das Wasser ist flach, und wir haben Mühe mit dem Vorwärtskommen. Nur noch vereinzelt ragt hier die Mangrove mehr als zehn Meter in den wolkenfreien Himmel. Ausgedehnte Zonen sind hier so tief im Bereich der Stelzwurzeln geschlagen, dass sie nicht mehr austreiben können. Leblos ragen die gebleichten, unteren Teile aus den schwefelig riechenden Sedimenten. Winkerkrabben, kleine Kobolde mit überkörpergroßen Scheren, verschwinden in den Schlammlöchern. Von weitem blinkt es rotfarben durch im Wasser liegende Pflanzenteile. Es sind Landkrabben, die massenhaft von den nicht fernen Sumpfwiesen gekommen sind, um hier alljährlich ihre Eier in geschützten Flachwasserzonen abzulegen.

Wir landen an in "Cuba libre". Eine Örtlichkeit, die nur die ältere Landbevölkerung der unmittelbaren Umgebung kennt. Ausgedehnte Kokosplantagen, seitlich mit Jungpflanzungen versehen, liegen vor unseren Augen. Zum Ufer hin ein großer, rundlicher Köhlerplatz. In der Ferne hört man das Klingen der Äxte. Sie spielen das Lied vom schleichenden Tod der Mangrovensümpfe in der Nähe von Nagua.

Gegen Abend kehren wir zurück. Ein letzter Blick fällt auf das ruhige Wasser des Gran Estero, der, von Süden kommend, sich in wilden Mäandern im Mangrovendschungel verliert. Wir durchqueren die um diese Jahreszeit trockenen Sumpfwiesen, um zur Straße zu gelangen, welche die Orte Nagua mit Sanchez verbindet. Der Bau dieser Straße war deshalb schwierig, weil der nicht sorgsam befestigte Untergrund immer wieder zu Sackungen führte. Mit Zunahme des Schwerlastverkehrs war ein Durchkommen praktisch nur mit geländegängigen Fahrzeugen möglich. Gegen Ende der neunziger Jahre verwandelte der damalige Präsident Balaguer große Teile von Santo Domingo in eine riesige Baustelle. Zahlreiche Armenviertel wurden abgerissen und durch mehrstöckige Hochhäuser aus Beton und Stahl ersetzt. Ein sehr ambitioniertes Unternehmen, das damals vielen sozial schwachen Familien zugute kam und seinen krönenden Abschluss im Bau eines gewaltigen Leuchtturms im Osten der Stadt fand, dessen Laserkanonen bei entsprechender Witterung ein Kreuz in den nächtlichen Himmel zaubern, dessen Licht man bisweilen noch im fernen Puerto Pico erkennen kann. Nun, was hat dies mit der Straße zwischen Sanchez und Nagua zu tun? - Der damals von Venezuela gelieferte Zement wurde im Hafen von Sanchez ausgeladen. Und auf den schwitzenden Rücken vieler junger Männer auf große Fahrzeuge verbracht. Diese Schwertransporte führten über Nagua in die Hauptstadt, was den erwähnten sensiblen Straßenkörper noch mehr beschädigte.

Ja, zu beiden Seiten der Straße konnte der aufmerksame Naturfreund früher ausgedehnte Salzwiesen bewundern, in denen man bisweilen bis zum Knie versank. Örtlich traten imponierende Sumpfwälder auf, mit der dominierenden Art Pterocarpus officinalis (Fabacae). Der kaum zehn Meter hoch werdende Baum ist mit deutlich sichtbaren brettförmigen Stammanläufen versehen. Er ist dominanter Angehöriger einer vom Aussterben bedrohten Waldgesellschaft, die durch landwirtschaftliche „Melioration" immer mehr zum Aussterben verdammt ist. Einmal war ich Zeuge einer Krabben-Invasion. Auf der Straße zwischen Nagua und Sanchez gewahrte man Abertausende von rotfarbenen, handgroßen Krabben, manche mit bedrohlich ausgebildeten Scheren. Sie waren auf einem Wanderzug in Richtung Meer, der tagelang andauerte. Vor Eintritt der Nacht konnte man gewaltige Fledermaus-Schwärme beobachten. Zehntausende dieser Flattertiere verdunkelten den Abendhimmel. Niemand weiß, was diese ausgedehnten Brackwasserwiesen sonst noch beherbergten, aus denen vor allem nächtens Myriaden von Moskito-Schwärmen den Eintritt des neugierigen Forschers verwehrten.

Inzwischen ist ein großer Teil der Salzwiesen verschwunden, das ursprüngliche Areal der Sumpfwälder geschrumpft. Auslöser war ein von der japanischen Regierung realisiertes Reisprojekt, das dem Land Wohlstand und Reichtum versprochen hat. In so genannten Schwellenländern wie der Dominikanischen Republik hört man aus diplomatischen Kreisen stets solche Töne: das Versprechen von Wohlstand und Reichtum. Nach bilateralen Gesichtspunkten.

Erinnern wir uns an den Blick von der Brücke von Nagua auf sein langsam fließendes Wasser zum Meer. Sie ist heutzutage mit Schleusen ausgestattet, welche den auflaufenden Wogen des Meeres Eintritt verbieten. Im Gegenzug stauen sich die zum Meere drängenden Wasser des Rio Nagua. Ein eindrucksvolles Unternehmen, den Salzgehalt der brackwasserholden Sumpfwiesen zu verringern mit dem Ziel, den für das Land wichtigen Reisanbau zu fördern. Und die Sumpfwiesen zu vernichten. Zunächst durchaus nachvollziehbar. Schließlich steht der Hunger und sein leerer Magen dem Menschen näher als Naturschutz und Forscherdrang und das sorgenvolle Auge, das traurig auf die zunehmende Veränderung der Natur und der Nivellierung der Landschaft blickt.

Aber der Preis für diese Art von japanischer Entwicklungshilfe ist hoch. Als Gegenleistung darf Japan in dominikanischen Gewässern fischen. Mit gewaltigen Schleppnetzen. Ihr Fang geht an die unersättlichen Sushi-Esser ins Land der Morgenröte, deren diplomatische Vertreter die Sektkorken knallen lassen. Nach bilateralen Gesichtspunkten.

Die Halbinsel Samana

Folgt man der Straße in Richtung Osten nach Sanchez, nähert man sich der Halbinsel Samana. Ihre Nähe wird angekündigt durch mehrere Flussläufe, die zum Atlantik eilen. Früher, während starker Regenzeiten, verwandelten sich die ebenen Flächen in ausgedehnte Sumpfzonen, deren Urbarmachung auch durch die Präsenz der Malaria-Mücke erschwert wurde, sodass Samana zeitweise einen Inselcharakter hatte. In dieser Zeit - wir schreiben das Jahr 1865 und danach - begann die Freiheitsbewegung der Negersklaven in Nordamerika, und es folgten von dort Einwanderungswellen der schwarzen Bevölkerung auf Samana, was dem aufmerksamen Touristen auch heute noch auffällt. Wenn man mit alten Einheimischen spricht, so kann man diesen Erinnerungen entlocken, die, über Generationen, von diesen mehr als unrühmlichen Zeiten erzählen. Manche ältere Menschen sprechen noch ein paar Worte amerikanisch, die sie aus dem Munde ihrer Vorfahren gehört haben.

Die Halbinsel wird zentral von geologisch uralten Gebirgszügen geprägt, die in früheren Zeiten von örtlich unzugänglichen Feuchtwäldern besiedelt waren. Kein Mensch weiß, welch eine floristische Artenfülle hier einst existierte. Der ums Überleben kämpfende Mensch war sicherlich nicht von den Gedanken eines forschenden Wissenschaftlers durchleuchtet. Er fällte den der Landwirtschaft nicht zuträglichen Baum und baute das an, was im Lichte der Tradition seiner Ahnen und in Anpassung an die edaphischen und klimatischen Gegebenheiten möglich war. Dazu gehörten Yams, Maniok und Kochbanane, wohl auch die

Kokospalme, deren inzwischen stark angeschwollene Präsenz sicherlich auch dazu beitrug, die ehemalige natürliche Flora und Fauna zu dezimieren. Zahlreiche kleinere Gebirgsbäche durchziehen heute noch die wilde Landschaft, die kaskadenartig zum Meer eilen. Nächtens, ausgestattet mit gut funktionierenden Taschenlampen, kann man hier Kleinfische, Aale und Flusskrebse beobachten. Örtlich trifft man hier auch auf mehrere Meter hohe Wasserfälle, die mit der „Kaskade von Limon" in der Nähe von Las Terrenas natürlich nicht konkurrieren können.

Die Halbinsel Samana zwischen Sanchez, Las Terrenas und dem östlichen Zipfel Las Galeras ist ein einziges Abenteuer

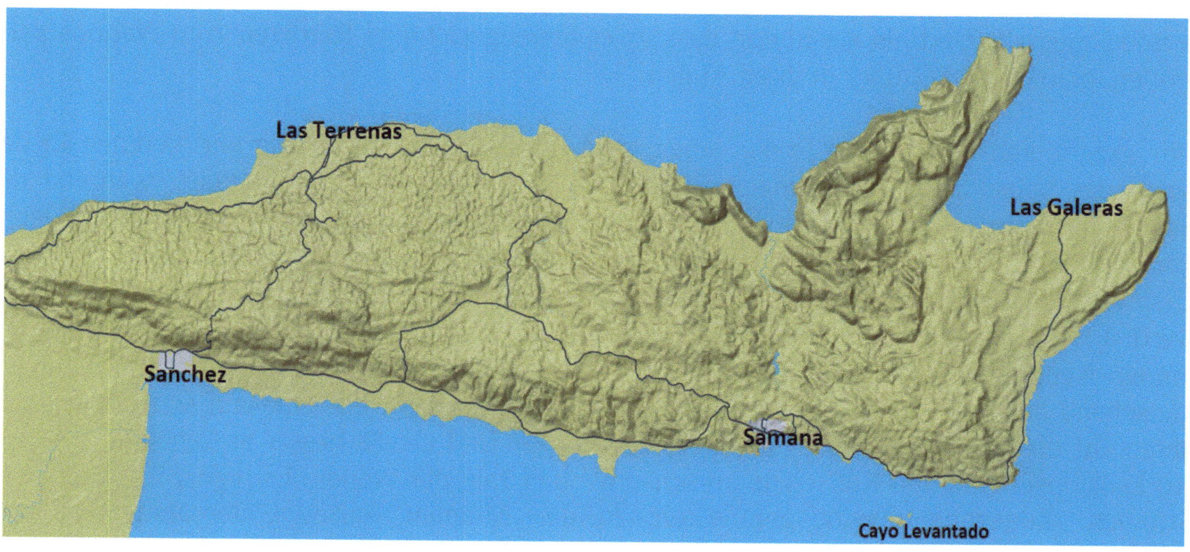

Sanchez

Zwischen Nagua und der Stadt Samana liegt die alte Hafenstadt Sanchez. In küstennahen Teilen der Stadt kann man noch auf Stelzen gebaute, stattliche Lagerhäuser entdecken sowie Reste einer früheren Eisenbahn. Ein markanter Knotenpunkt, der Transporte auf Wegen, Schiffen und Schienen bereits im späten neunzehnten Jahrhundert ermöglichte. Von hier aus fährt heutzutage das Touristentaxi auch über den Gebirgszug der Halbinsel nach Las Terrenas. Eine straßenbauliche Meisterleistung, deren Ausführung bei Präsenz deutscher Prüfingenieure nicht gestattet gewesen wäre. Die kurvenreiche Strecke ist nicht ungefährlich, und ob die gelegentlich positionierten Leitplanken im Ernstfalle auch halten, ist zweifelhaft. Unterwegs gibt es zahlreiche Aussichtspunkte, wo man das Panorama genießen kann, bevor man unten auf schier endlose Sandstrände trifft.

Will man von Sanchez aus über die Bucht von Samana fahren, braucht man ein seetüchtiges Boot. Tatsächlich werden hier Reisen zum fernen Nationalpark Los Haitises angeboten, und die Aussicht, die dunkelgrüne Mangrovenlandschaft ganz nahe zu erleben, ist durchaus verführerisch. Schließlich handelt es sich hier um das größte zusammenhängende Areal in der Karibik. Allerdings sind die Preise für diese Überfahrt so, dass die trocknende Kehle des wenig betuchten Touristen zu deutlichen Schluckbewegungen Anlass gibt. Sodass Bruder Walter und ich in Erwägung ziehen, mit Fischern zu verhandeln, deren bescheidene Boote erheblich preiswerter sind. Eine absolute Schnapsidee, wie wir nur wenig später feststellen sollten ...

An diesem Sonntagmorgen windet und tröpfelt es. In einer Pension in Sanchez wartet unser Frühstück, bevor wir uns zum Hafen aufmachen. Man braucht nur einen der zahlreichen Wege nach unten einzuschlagen, um in das Reich der Fischer und ihrer Boote zu gelangen. Ihr Kapital sind ihr Schiff, Reusen und Netze. Jeder von ihnen ist Kapitän und genießt die Freiheit auf dem Meer. Einige sind Spezialisten im Auffinden von Garnelen, die im Schutze der Mangroven in einer vielartigen Lebensgemeinschaft aufwachsen. Andere suchen nächtens mit Lampen den Fischschwarm oder überlisten den Barrakuda mit dem beköderten Haken. Aber ein Jeder leidet chronisch an Geldmangel. Man erkennt es deutlich an zerbröckelnden Holzplanken der Boote oder an zerschlissenen Netzen, die immer wieder kunstvoll geflickt werden müssen. Und als sie hören, dass zwei bleichgesichtige Touristen zum Nationalpark wollen, glänzt es wie Silber in ihren Augen.

Wir akzeptieren den stolzen Preis, geben einen großzügigen Vorschuss und nehmen in der Mitte des keine fünf Meter langen Bootes auf der harten Holzplanke Platz, während die Schuhsohlen im Meerwasser baden. Steigt der Wasserspiegel im Boot, nimmt man die leere Tomatenmarkbüchse als Schöpfgerät, um das überbordende Meerwasser in sein Ursprungselement zurück zu befördern. Nachdem wir eine knappe Stunde unterwegs sind, werden Wind und Wellen stärker. Der Kapitän steuert sein Motorboot gegen die Wellenberge, um ein Kentern zu verhindern. Dadurch hebt sich der Bug regelmäßig nach oben, um danach klatschend auf das Wasser aufzuschlagen. Wir verlassen die Holzbank und setzen uns nach unten auf die überschwemmten Planken, um Rücken und Gesäß besser zu schonen. Wie ein Korkenstöpsel tanzt die Nußschale im schäumenden Takt der Wellen. Es regnet inzwischen in Strömen. Zugegeben, nicht gerade ein idealer Moment, unser Unternehmen an der Randkulisse der stattlichen Mangrovenzone zu genießen. Der Wunsch, auf diesem Wege Los Haitises auf der anderen Seite der Bucht von Samana zu erreichen, schmilzt wie ein Eisstück in der Sonne. Aber ganz wollen wir nicht aufgeben. Wir erreichen den Mündungsbereich eines der sich im Mangrovengewirr verästelnden Arme des „Rio Yuna", der hier über hundert Meter breit ist, und fahren ein. Ein wohliges Gefühl durchströmt uns beim abrupten Nachlassen von Wind und Wellen. Weißfarbene Reihervögel lösen sich krächzend aus dem Geäst und verschwinden im geheimnisvollen Innern des Stelzenwaldes. Jede Biegung des stark mäandrierenden Wasserweges weckt die Neugier auf Unerwartetes. Neugier, die stärker ist als durchnässte Kleidung und Schmerz in der Gesäßgegend. Noch einmal bitten wir den Kapitän, nachdem er den Außenbereich der Mangrovenwand erreicht hat und weiter nach Süden fährt, uns an Land zu setzen. Wir folgen dem uralten Instinkt, wie Robinson ein Stück Mangrovendschungel zu erobern, der noch nie vom Fuß eines Bleichgesichtes betreten wurde. Ein erhabenes Gefühl, welches wir so lange genüsslich ausbaden, bis sich andere körperlich orientierte Signale wie Kälte, Hunger und Durst zurückmelden. Erst schüchtern, dann zunehmend pochender. Wir haben die Nase voll und wollen zurückkehren. Mit dem kleinen Benzinkanister im Boot wären wir sowieso nicht weit gekommen. Eigentlich sollten wir wütend sein über unsere eigene Dummheit. Aber irgendwie war das Ganze doch amüsant. Und sicherlich als Abenteuergeschichte für Enkel durchaus zu verwenden.

Die Stadt Samana

Die Provinz-Hauptstadt der Halbinsel ist „Santa Barbara de Samana". Die Feierlichkeiten zu Ehren der Heiligen Barbara beginnen bereits an einem Freitagabend im August. Ein Ritual, das nicht allen aufgrund eines kargen Geldbeutels zugänglich ist, was hier am Beispiel von der heiratsfähigen Tochter von Lala und Cabo in dem Fischerort La Flecha kurz erklärt werden soll: Sie, die Tochter, sitzt in einem Colmado und wird, zusammen mit einem Bekannten, von der Polizei festgenommen. Mit der Begründung, sie hätte mit einem Rauschgifthändler gedealt. Aber mit der Zahlung einer bestimmten Geldsumme würde sie freikommen. Natürlich wird der „Dealer" freigelassen, weil er mit der Polizei zusammenarbeitet. Vielleicht ist er auch bei derselben beschäftigt. Vielleicht arbeitet er als Bindeglied zwischen dem Dealertum und der Polizei. Woher soll man so etwas als Außenstehender wissen? Dealer und Ähnliche, Polizei und Justiz treiben ein Spielchen. In einigen Ländern Südamerikas nennt man es „Trinitaria", Dreieinigkeit. Solche Vorgänge finden vor allem bei bevorstehenden Feierlichkeiten statt, um die von Korruption infizierten, trinkfähigen Kehlen nicht vertrocknen zu lassen. Dabei werden einfache Menschen festgenommen, um von ihnen oder ihren Geld sammelnden Angehörigen das Nötige zu erpressen. Ja, das in zahlreichen Gemeinden praktizierte Gehabe gehört zum Spiel eines von Machos dominierten Justizapparates, der insbesondere bei bevorstehenden Feierlichkeiten zur Finanzierung von Ess- und vor allem Trinkgenüssen funktioniert. Folklore auf dominikanisch.

Die Küstenzone der Stadt Samana wurde in den neunziger Jahren touristisch aufgemöbelt. Zu den herausragenden Leistungen gehörte das Verpflanzen von über fünf Meter hohen Palmen, die auch tatsächlich anwuchsen. Durchaus eine Meisterleistung. Daneben wurden Gebäude als Einkaufszonen für die erwarteten Touristenströme errichtet. Die ehemaligen „Jimmi Churis" am Malecon (so nennt man die Küstenstraße) mit ihren mobilen, preisgünstigen Brätereien und Getränken, damals von Einheimischen an den Wochenenden gut besucht, wurden, wie bereits vorher schon in Santo Domingo, verboten, was zunächst die Gastwirte der zahlreichen Restaurants erfreute. Diese harrten erwartungsvoll der touristischen Flut. Vergebens. Diese blieb in ihren all inclusiv - Hotels. Und die meisten dominikanischen Familien können sich mit ihren Kindern ein Essen im Restaurant nicht leisten.

Von der Stadt Samana aus kann man die Bucht wesentlich bequemer überqueren. Am Schönsten wäre natürlich ein Segeltörn mit Boot oder Katamaran. Aber woher nehmen? Wenn man Glück hat, findet man einen in einer nächtlichen Bar gestrandeten Einhandsegler, der sich zufällig in Samana verirrt hat. Dies wäre gar nicht so ungewöhnlich. Schließlich kreuzen täglich Hunderte von Segelschiffen in der Karibik. Nicht selten sind es tolle Burschen oder Burschinnen, die nichts dagegen haben, wenn sie ihren Geldbeutel mit den Gulden eines Reisewilligen, der nach Los Haitises schiffern möchte, auffrischen können. Natürlich darf man in diesem Falle nicht vergessen, vorher den Chef der örtlichen Marine zu benachrichtigen, damit dieser ein Dokument hinsichtlich Erlaubnis ausstellt. Was sich bei entsprechender Bezahlung auch machen lässt.

Stellen wir uns doch einmal eine solche Überfahrt vor, die für die Schönen und Reichen nichts Besonderes wäre. Nach wenigen Stunden auf der See wird man - „Kurs Südwest" eine Wasserlandschaft mit bizarren Felsformationen kreuzen, die wie verlorene, schroff gezackte Kalkgebirgsreste aus dem Wasser ragen. Man nennt sie „Mogotes." Fregattvögel und der hier typisch vorkommende „Maura", einem übergroßen Bussard ähnlich, liegen scheinbar bewegungslos in der Luft. Man wird dann eine sicherlich unvergessliche Nacht an Bord verbringen, bevor man den Nationalpark erreicht.

So mancher Einheimische mit dem kleinen Geldbeutel, der ja auch mal zum Park oder auch nur zu Verwandten nach Sabana de la Mar gelangen möchte, nimmt die Fähre, die fast täglich mehrmals die Bucht von Samana durchquert. Man muss etwas Geduld aufbringen; denn die zweistündige Fahrt endet zwar in Ufernähe, erreicht aber nicht immer den etwas wackeligen Steg. Dafür sorgt die starke Schlickbildung. Man muss also - vor allem in Zeiten der Ebbe - auf kleinere Fischerboote umsteigen, die den Passagier dann zum Ufer bringen.

Dort geht es natürlich eng zu. Zu den Passagieren mischen sich auch Nepper, Schlepper und Bauernfänger, die sich auf den Touristen spezialisiert haben, der in den Nationalpark möchte. Man wird überschüttet von Angeboten von Anbietern mit oder ohne am Hemd angehefteten Ausweisen. Wortschwalle unterschiedlicher, auch in englisch und deutsch prononcierten Variationen erreichen das Ohr des gepeinigten Touristen, der sich wie eine Sahnetorte fühlen muss, die von einer Vielzahl von Gierigen verspeist werden möchte.

Nur: was will denn der nach stets neuen Abenteuern lechzende Rucksacktourist? - Sind es nicht solche Momente, die er eigentlich sucht wie ein genüssliches Bad in der Menge? Französisch charmantes Lächeln und die Fähigkeit, wie ein Hai unter Haien zu schwimmen, sind die geheimen Schlüssel zum Bannen selbst prekärer Situationen. Am besten sucht man sich eine Übernachtungsmöglichkeit im Ort. Dies hat den Vorteil, dass man sich in Ruhe über die weiteren Modalitäten - Busfahrt zum Park und Bootsfahrt durch die Mangroven einschließlich Besichtigung einer früher von Tainos bewohnten Höhle - Gedanken machen kann. Auch gibt es ein Hotel in Parknähe, welches den Besuch mit Transfer und Boot organisiert. Es gibt alles. Auch über das Internet. Aber mit Verlaub: ein Urlaub mit Urlaubern, ohne die temperamentvolle, überwiegend freundliche und illustre einheimische Bevölkerung mit ins Boot zu nehmen, ist eher ein Gang über einen Friedhof am Palmenstrand.

Noch ein Wort zum Nationalpark: er hat, zumindest auf dem Papier, die stolze Ausdehnung von mehreren hundert Quadratkilometern. Der hier beschriebene Urlauber wird nur die küstennahe Zone einschließlich Höhlen kennenlernen. Das Erforschen der Regenwaldzone im Innern wird in einem gesonderten Kapitel näher beleuchtet werden.

Samana ist eine Stadt, in der es sich lohnt, einige Tage oder auch Wochen zu verbringen. Dies ist nicht nur durch die herrliche Bucht mit der berühmten Bogenbrücke zu erklären und nicht nur durch die alltäglich belebte Marktszene, die dem Fischliebhaber einen tiefen Einblick in das vielfältige Meeresleben bietet. Von hier aus kann man von Januar bis März die Buckelwale beobachten, die, teilweise mit ihren Jungen, den Besucher faszinieren. Vor allem in den Abendstunden, wenn der dominikanische Familienvater sein Domino-Spiel mit seinen Amigos und Compatres genießt, gesellen sich vielerlei Gestalten aus aller Herren Länder zum heiligen Dämmerschoppen. So manche Nicht-Einheimische haben sich hier niedergelassen. Nicht wenige sind Rentner aus Kanada, wie der alte Carlos. Eigentlich von Geburt Österreicher, hat aber Jahrzehnte im Norden von Kanada verbracht. Wenn er vom Eisfischen erzählt und trotz imponierender Niedrigtemperaturen von riesigen Moskitos geplagt wurde, erschaudert es ihn heute noch und umarmt die wärmende Haut seiner jungen Freundin. Aber nicht alle sind glücklich. Wer meint, sein Heim mit Hunden und Mauern schützen zu müssen, wird von den Nachbarn verachtet und wie ein Fremdkörper behandelt. Wer seine Türen offen lässt, wird beraubt. Nur der Lebenskünstler, der den Tanz auf dem feurigen Vulkan beherrscht, lebt und leben lässt, hat eine perspektivische Überlebenschance. Dazu gehört das Teilen; den Nachbarn einbeziehen in das soziale gesellschaftliche Geschehen, Hilfsbereitschaft. Wer diese Kunst nicht beherrscht, sollte besser kein Grundstück erwerben, sondern gesellige Unterkunft in von zahllosen Witwen bewohnten Überlebensstätten suchen, am Besten mit Blick auf die herrliche Bucht, deren Schönheit der französischen Riviera bei Cannes in keiner Weise nachsteht.

Die Lust, zum nordöstlichen Ende der Halbinsel zu gelangen, kommt für den reisefreudigen Abenteurer automatisch. Am Besten nutzt er ein Sammeltaxi an der „Parada" am Markt. So lernt er auch die ländliche Bevölkerung kennen mit ihrem vielfältigen Gepäck, wo auch Hühner oder auch mal eine Ziege darunter ist, nebst bisweilen von Durchfall geschüttelten Kindern. Wie eine Perlenkette liegen Fischerdörfer am Weg. Darunter La Flecha. Übersetzt: der Pfeil. In der Tat soll Kolumbus auf seiner zweiten Reise hier beim Anlanden von einem Pfeilhagel begrüßt worden sein. Nicht unbedingt verwunderlich. Wer weiß, was für eine Reputation er mit seiner Mannschaft aus der Sicht der Urbevölkerung auf seiner ersten Reise hinterlassen hat.

An der Küstenstraße, die örtlich mit einer nicht ganz gelungenen Anpflanzung von Ficus benjamini versehen ist, ein seit Jahrzehnten stolzer Straßenbaum der „Calle Independencia" von Santo Domingo, liegt ein in filigraner Bauweise errichtetes Hotel. Draußen im Meer sieht man eine Insel, die man „Bacardi-lnsel" nennt. Eigentlich eine Dreier-Inselgruppe. In den achtziger Jahren paddelten zahlreiche Familien aus der Umgebung vor allem an den Wochenenden hinüber. Mit kleinen Ruderbooten, die man mit einem weißen Bettlaken als Segel ausstattete. Man konnte die Hauptinsel mit ihren zahlreichen Würgefeigen und ihnen aufsitzenden Bromelien-Gewächsen bewundern und den Fisch aus dem lokalen Fang genießen, gebraten im Fett der selbst gepflückten Kokosnuss. Man konnte im Schatten des früher staatseigenen, nicht mehr funktionierenden Hotels unbekümmert schnorcheln. Ein Paradies, das es für Einheimische und Individualtouristen noch vor wenigen Jahrzehnten gegeben hat.

Und heute? - Die Zeiten haben sich gewandelt, nicht nur hier. Der Abenteurer, der mit dem Rucksack die Welt erobert, wird mehr und mehr zu einem verdächtigen Exoten an den Rand einer Supersternhotelgesellschaft gedrängt. Jene, die müde geworden sind von den Sirenentönen eines kapitalistisch überschwappenden Konsumverhaltens, können kaum noch andocken in Nischen, die im Schatten einer drohenden Fehlentwicklung des Massentourismus zunehmend verschwinden.

Wir haben also die Stadt Samana verlassen und sehen nach dem Fischerdorf La Flecha uferseits ein stattliches Hotel in filigraner Bauweise (der Architekt hatte seine Idee wohl entlehnt von dem schlanken Schloss Neuschwanstein des Königs Ludwig II. von Bayern). Und hier stellt sich die Frage, woher eigentlich das Wasser für die Gäste kommt. Trinkfähiges Wasser. Weniger zum Trinken, mehr für Toilette und Dusche. So ein von Meerwasser umspülter und durch karibische Tänze erhitzter Körper benutzt täglich mehrere hundert Liter Wasser.

Wasser ist, nicht nur auf der Halbinsel, der begrenzende Faktor. Und wenn man der Rohrleitung der Badezimmer des erwähnten filigranen Hotels folgt - und hier ist die das Wasser zuführende Leitung gemeint - wird man auf ein gewaltiges Bassin stoßen, dessen Rückhaltekapazität nach dem Begehren der Hotelgäste ausgelegt und geplant wurde. Natürlich mit Genehmigung des Touristenministeriums. Aber dieses Bassin ist nichts anderes als ein Teil eines in einer Schlucht verlaufenden Flusses, den man mit einer gewaltigen Staumauer am Weiterfließen gehindert und aufgestaut hat. Dieser Fluss diente den Bewohnern des angrenzenden Fischerdorfes La Flecha als lebenswichtige Trinkwasserquelle. Dies war einst ein ungezähmtes Fließgewässer, küstennah in einem Kerbtal gelegen, mit dem urigen Charakter eines Schluchtwaldes. Mit einer gewachsenen Fisch- und Amphibienfauna. Örtlich traten wunderschöne Vertreter der Familie der Heliconiaceae auf. Im Schatten von stattlichen Baumpersönlichkeiten. Man nenne nur Kavernenbäume wie Hura crepitans. Und stolze

Gummibäume mit ihren nach unten wachsenden Luftwurzeln. Und Ceiba pentantra, der Karbockbaum, der auch an den Quellbächen von Las Descubiertas steht. Einer der stattlichsten Bäume des Landes.

Frauen der Umgebung wuschen hier Geschirr und Kleider und holten das Wasser zum täglichen Kochen. Männer trafen sich in der Dämmerung am nahen Wasserfall und konnten dort auch den zäh anhaftenden Floh aus dem filigranen Kopfhaar herausspülen, im Schutze eines gigantischen Gris-gris-Baumes namens Bucida buceras aus der Familie der Combretaceae. Tonnenschwer beladen ist dieser meist in Küstennähe stehende Baum mit einer bemerkenswert hohen Artenzahl von Epiphyten. Kein Mensch weiß, wie alt der Riese ist. Aber ein Jeder sagt, dass seine Väter schon in seinem Schatten den Schweiß von ihren Rücken gewaschen haben.

Klar. Ein Hotel-Management mit seinen Technokraten kümmert so etwas nicht. Hat schnell erkannt, dass man ein Kerbtal, einfach mit einer Staumauer versehen, als Wasserrückhaltebecken für eigene Zwecke nutzen kann. In einem nur von Wirtschaftsinteressen gelenkten oder auch erpressbaren Staat ein nicht selten praktizierter Vorgang, der auch vor dem Missbrauch ehemals ökologisch intakter Süßwasser-Lagunen nicht zurückschreckt. Wissend, dass die protestierenden Stimmen der örtlichen einfachen Landbevölkerung nur selten die Wolken des Regierungssitzes erreichen, funktioniert die Politik. Und was liegt näher, auch das auf der benachbarten Insel „Cayo Levantado" liegende Hotel, das inzwischen auch einen privaten Käufer gefunden hat, mit der gleichen Wasserquelle zu versorgen, mittels einer nicht sichtbaren im Meer verlaufenden Leitung? „Cayo", der Kiesel. Früheres Paradies. Heute Tummelplatz für den Massentourismus.

Der einst wilde Fluss ist nur noch ein winziges, stinkendes Rinnsal. Man sieht noch den kerbtalartigen Einschnitt, den er einst formte. Im Morast suhlen sich Schweine. In den Nächten hört man laute Musik, die vom Wind aus den geschützten Pforten des Hotels herübergetragen wird. Seine Gäste wissen nicht, was in unmittelbarer Nähe passiert ist. Der tanzende Tourist genießt und stellt keine Fragen.

Wenn man im Bereich der von Korallenkalk gebildeten Küste weiterfährt in Richtung Las Galeras, begegnet man zum Teil winzigen Dorfflecken. Vorbei geht es an einer wilden Landschaft. Seeseits erkennt man spitze, unzugängliche Korallenfelsen, wo örtlich steile Fontänen hochspritzen, wenn die heranrollenden Wogen das Wasser in die unterirdischen Hohlräume hineinpressen. An einer Stelle wird Marmor abgebaut. Das Leben ist hier hart, zu Land und zu Wasser. Die Fischer fahren meist in der Abenddämmerung ins Meer. Dann, wenn die Jugend zu den karibischen Klängen tanzt, beginnt ihre harte Arbeit. Sie legen Netze aus, die sie in den Morgenstunden herausziehen. Manche Boote sind mit batteriebetriebenen Lampen bestückt, um den Fisch nächtens anzulocken. Und mit langen, beköderten Fangleinen. Unter den Fischern ist auch der alte Cabo und sein Bruder. Ihr Boot haben sie selbst gezimmert. Und auch die Reusen, mit denen sie Krustentiere wie die Languste zu überlisten versuchen, sind selbst geflochten. Sie werden mit Ködern versenkt und hängen bis zum Morgen an verankerten Bojen.

Der Fischer von Samana

Er sah im Sternenlicht und Wind das Zeichen, das ihm einen guten Fang empfahl.
Er rudert schnell im Wellenstrom der Wasserwelt
bis zu dem Ort, wo nur der Mond im Widerschein sich mit den Fluten paart.

Dort legt er seine Netze aus und harrt im Glitzermeer der Wasserwüsten,
wo ihn die kühle Nacht mit ihrer Einsamkeit umarmt
und sein Boot, dem willenlosen Korken gleich, in sanften Wogen tanzt.

Dann zieht's das Netz nach unten. Im Zug der Flossen folgt das Boot ins off 'ne Meer.
Es kämpft ein Mensch im Leiberstrom der Fische allein im Wellenstrudel jener Welten,
die nur dem Lied des Windes hörig sind.

Fischer, hab acht der Waage. Gevatter Tod, er steht in beiden Schalen.

Fischer wie der alte Cabo und sein Bruder. Wenn sie in Erinnerungen längst vergangener Zeiten schwelgen, glänzen die Augen. Manchmal war das Boot voll von Fischen. Aber die letzten Jahre sind immer karger geworden. Ein Teufelskreis für Viele, die als Kapital nur ihr Boot und ihre in den Jahren schwindende Arbeitskraft besitzen. Man muss sich zunehmend zwingen, in den Abendstunden sich in die Riemen zu legen, um an kilometerweit entfernte Stellen anzudocken, wo das Fischen früher noch lukrativ war; stets mit dem düster nagenden Gefühl, in der Morgendämmerung wieder einmal leer zurückzurudern. Aber es gibt weder Alternative noch soziales Netz. Und während wir uns unterhalten, gewahrt man in der Ferne einen stattlichen Trawler, dessen kilometerlange Schleppnetze alles fangen, was sich in ihren Fäden verirrt.

Wir erreichen die Küstenzone von Las Galeras. Die Bucht wirkt malerisch und wird beidseits von Gebirgszügen ummantelt, die abrupt ins Meer abfallen. Dort, in den fast menschenleeren Zonen, vermutet man noch kleine Populationen des legendären „Solenodon paradoxus". Dieses einer übergroßen Spitzmaus ähnliche Tierchen galt lange als ausgestorben. Gelegentlich wird es als Skelettfund in einer der lokalen Zeitungen des Landes erwähnt. Seine Hauptfeinde sind streunende Hunde oder Mungos, die einst wegen der Schlangenphobie der Kolonialherren auf den karibischen Inseln ausgesetzt wurden.

Das Meer

Dein Gesicht legt sich in Falten, dann, wenn der Wind
nur leicht an Deiner Oberfläche spielt.
Wie unergründlich sind die Tiefen, dort,
wo dunkel sich das Blau im Firmament verliert.
Aus Deiner Wiege kommen Leben und Liebe,
in Deinen Sphären schlummern Geburt und Tod wie ein Geschwisterpaar.

Vom Strand von Las Galeras nach „Madame I"

Zur Definition: Es gibt mehrere „Damen". So werden hier Einbuchtungen bezeichnet, die am besten vom Meer aus ansteuerbar sind, und wo man in einer traumhaften Kulisse sich am nahezu einsamen Strand und im ruhigen Wasser erholen kann. Bisweilen grast hier ein Pferd oder liegt ein kleines Fischerboot auf dem Sand. Theoretisch könnte man bei Überwindung der örtlich mit spitzen Kalkfelsen ausgestatteten Zonen von einer Dame zur anderen beziehungsweise von einer Bucht zur anderen wandern. Wir haben dies versucht. Ohne Erfolg. Viel zu unwegsam ist das wilde Gelände, und der Wanderer braucht Stunden, um auf beschwerlichen Pfaden von einer Kleinbucht in die andere zu gelangen.

Bruder Walter und ich frühstücken gemütlich und opulent bei den dicken Frauen unter dem mit Palmblättern bedeckten Restaurant am Strand von Las Galeras. Es gibt gebratene Eier, Mondongo (der Schwabe spricht von Kutteln) und Bier. Eine für den robusten Magen verträgliche Mischung, die dem Körper Kraft und Schwung für den ganzen Tag gibt. Eine gute Grundlage für eine anspruchsvolle Wanderung, die in den vernebelten Morgenstunden mit Hunden unserer Unterkunft und gewaltigen Regengüssen bereichert wird. Es geht, am Strand entlang, in südöstliche Richtung. Bald haben wir die den Strand beherrschende Mega-Hotelzone überwunden, wo ein süßlicher Duft von Sonnencremes wie eine Dunstglocke über den leblos erscheinenden, textilarmen Körpern sich geruchsintensiv ausbreitet. Arme Touristen. In verschiedenen Sprachen wird vor dem Verlassen des abgegrenzten Areals gewarnt.

Es geht zunächst durch ausgedehnte, von Maultieren abgeweidete Rasenflächen, die von Kokospalmen überstellt sind. Strünke von entseelten Baumkörpern zeugen von früheren Wirbelstürmen. Dann erreichen wir das Meer. Vor uns liegt eine Flachwasserzone aus Korallenfels, der mosaikartig kleine natürliche Badewannen formte, die regelmäßig vom Meerwasser überflutet werden, während erhabene Teile auch trockenen Fußes zu erreichen, manchmal zu erhüpfen sind. Wir entdecken kleine Fische, Napfschnecken und verschiedene Krebstiere. Wie große Stelzvögel bewegen wir uns vorsichtig auf dem nadelspitzen, löchrigen Gestein. Ein Küstenbereich wie eine Mondlandschaft, aber voll pulsierenden Lebens, das sich kilometerweit in Anpassung an den hier nur schwachen Tidenhub zeigt.

Wir erreichen einen Aussichtsturm mit Zinnen. „El Capito". Er liegt inmitten unwegsamer Gebüschformationen. Was sein kühner Erbauer wollte, liegt auf der Hand: Er wollte sicherlich, wie damals der Schriftsteller Hemingway auf Kuba, den Blick auf den wilden Ozean genießen.

Wir bewegen uns weiter. Wir vernehmen das Getöse von auflaufendem Wasser, das geräuschvoll gegen den Felsen schlägt. Neben uns zischt es aus dem löchrigen Fels. Hätten wir Flut, so würde das Druckwasser örtlich wie isländische Geysire stärker nach oben gedrückt werden. Aber wir haben Ebbe, und so vernehmen wir lediglich das Zischen und Gurgeln unter dem schützenden Gestein, auf dem wir uns bewegen. Weiter vorne blicken wir auf ein jäh aufsteigendes Felsenmassiv. Wir entdecken einen winzigen Pfad, dem wir nunmehr folgen. Er ist umsäumt von dichtem Gebüsch - ein Halophytenfreak könnte sich hier mit einer Dissertation über die Küstenvegetation austoben - und führt uns vor eine unüberwindbare Felswand. Zu unserer Linken gewahren wir den Küstensaum in Form eines Schmelztiegels voll Urgewalt, wo Woge um Woge heraneilt, um sich donnernd an einem Bollwerk zackiger Felsen zu brechen. Fasziniert betrachten wir minutenlang das gewaltige

Naturschauspiel. Im Rhythmus der immer wieder heranrollenden Wellen zerstäuben diese zischend in gewaltige Gischtschäume, um sich immer wieder aufs Neue zu formieren.

Das Meer brüllt

Von heulenden Sturmwinden getrieben, rollen die Meereswogen heran;
zerbersten tosend in den gezackten Felsentürmen.
Die wie von den wilden Prankenhieben kämpfender Tiger zerfetzten Schaumkronen
winden sich als Nebelschleier geisterhaft in den wirbelnden Luftströmen
und legen sich wie eine gewaltige Dunstglocke über die feucht-schwüle Küstenlandschaft.

Der Weg in Richtung „Madame I" führt zunächst von der steilen Küstenzone weg. Unterwegs wird man einige Baulichkeiten entdecken, die auch Trinkbares und mehr anbieten. Es dürfte sich um Aussteiger verschiedener Nationen handeln, die sich dem Trubel der Welt entzogen und sich hier niedergelassen haben. Menschen, welche die Einöde suchen und den einen oder anderen Rucksacktouristen anlocken. Wo hier das Trinkwasser herkommen soll, ist ein Rätsel. Nach einer guten Stunde Fußmarsch über örtlich abenteuerliche Stege und treppenartige Ausbildungen erreicht man eine kleine, malerische Bucht, die zum Baden und Schnorcheln einlädt. Ein kleines Fischerboot liegt hier, und ein Maultier grast. Die Bucht ist eingerahmt von sich auftürmenden Küstenfelsen, die man nur mühsam ersteigen kann. Nach einer weiteren Stunde Fußmarsch über das von Gehölzen übersäte Plateau erreicht man eine völlig vegetationsfreie Zone. So stellt man sich eine Mondlandschaft vor. Ihr Überqueren ist nicht zu empfehlen, da ein Sturz aufgrund der fast nadelspitzen Kalkfelsen durchaus gefährlich sein kann. Also dann vorwärts, wir müssen zurück. Vorbei geht es an Trockenheit angepasster Vegetation mit deutlich anthropogenem Einfluss. Nur ein für Holzkohle ungeeigneter Baum aus der Familie der Burseraceae mit rötlich-rissiger Rinde ist stellenweise noch präsent: Bursera simaruba. Jener Baum, den selbst der Köhler am fernen Lago Enriquillo noch stehen ließ.

Las Galeras

Amigo, wenn Deine Füße ermüden von der langen Wanderschaft
an den endlosen, weißen Stränden, dann strecke die Glieder
und träume unter den Palmenhainen von Las Galeras.
Und lasse Deinen Blick ertrinken im tiefen Blau des weiten Meeres,
dessen um ihr Überleben kämpfende Korallenzonen die Wellen
in weiße Gischtschäume verwandeln.

Dann, wenn die laue Nacht hereinbricht, störe Dich nicht am beißenden Stich
der Moskitos, an Nachtvögeln und Baumfröschen in den dunklen Flammenbäumen.
Und labe Dich an den köstlichen, von Rum geschwängerten Kokosnüssen.
Betrete mit Deiner Geliebten den von Muschelkalk umsäumten Strand
und lasse Dich umspülen vom Schaum der lauen Fluten,
die über das ferne Riff sanft hereinfließen.

Und erwarte den Zauberer mit seinem wallenden Kleid aus quirligen Nebelschleiern,
die aus dem Dunkel der nahen Mangrovensümpfe steigen.

Laguna Redonda und Laguna del Limon

Sabana de la Mar im Südwesten der Bucht von Samana ist der Ort, wo wir ganz in Strandnähe rasten. Wir, das ist wieder einmal der zusammengewürfelte Haufen von Zoologen und Botanikern vom Landwirtschaftsministerium aus Santo Domingo. Ein Straßenhändler verkauft säckeweise Zitrusfrüchte und Süßkartoffeln. Wir füllen unsere mageren Vorräte auf und befahren eine Straße in Meeresnähe in Richtung Osten. Als Staubpiste war sie früher einigermaßen befahrbar. Jahre nach der Asphaltierung bildeten sich Löcher, die örtlich immer tiefer und ausgefranster wurden. Und die zu zahlreichen Feder- und Achsenbrüchen führten. Man merke: lieber eine wellenförmige und ausgefahrene Staubpiste als eine löchrige Asphaltstraße.

Kurz nach dem Ort Miches gewahrt man einen vom ebenen Gelände abgesetzten Kegelberg, der sich im Bereich der beiden Lagunen wie ein Vulkan erhebt. Das Erobern dieses damals noch weitgehend jungfräulichen Berges erlaubt einen herrlichen Panorama-Blick auf das Umland und das angrenzende Meer. Das sumpfige Gelände wird örtlich für Reisanbau und extensives Grasland genutzt. Für den Botaniker sind die beiden Wasserflächen und ihre unmittelbare Umgebung wie eine Freiland-Universität, wo man an Salzeinfluss angepasste Pflanzen - Halophyten - im Bereich der „Laguna Redonda" studieren kann. Im Gegensatz zur benachbarten „Laguna del Limon", wo sich die Salinität nur schwach im meeresnahen nördlichen Bereich durch die kleinflächige Präsenz von Mangroven bemerkbar macht.

Die mehrere Quadratkilometer große Wasserfläche der Laguna Redonda wird wie ein Mantel von Mangroven der Art Rhizophora mangle umgeben und unterliegt also dem Salzwasser-Einfluss. Ihre Stelzwurzeln sind örtlich von dicht ineinander wachsenden Polstern von Austern besetzt. Diese für Franzosen beliebte Kulinarität ist für die heimische Bevölkerung ohne Bedeutung. Auch im Seeboden sind Austern angesiedelt, so dass man das nicht tiefe Gewässer ohne Schuhe nicht betreten sollte.

Die Menschen hier leben gut vom Fischfang und von der Landwirtschaft. Fruchtbäume und Bananenhaine wachsen recht üppig. Häufig sieht man Kinder, die bereits die Kunst des Angelns beherrschen und wie kleine, schwimmlustige Kapitäne das Holzboot steuern.

Die Lagunen liegen nördlich der Piste zwischen Miches und Nissibon

Wir betreten 1986 zum ersten Mal dieses noch naturnah anmutende Gebiet. Ein El Dorado für Schlangenhalsvögel und Amphibien. Eine noch intakte Tier- und Pflanzenwelt mit überraschend hoher Biodiversität. Mit gelbfarbenen Webervögeln, die ihre Nester kunstvoll in das Mangrovengebüsch über das Wasser hängen. Mit gewaltigen Fledermaus-Schwärmen, die man vor allem in der kurzen Abenddämmerung beobachten kann. Zwischen den Mangroven kommt bisweilen der Farn Agrostichum danaefolium vor. Er ist kein obligatorischer Halophyt, aber, wie der Rohrkolben Typha domingensis, salztolerant. Am Randgebiet kommt die Baumart Bucida buceras auf, die von den Einheimischen als „Gri-gri" bezeichnet wird. Es ist interessant, dass zahlreiche Familienangehörige dieser Baumart aus der Familie der Combretaceae eine sichtbare Affinität zur salzluftigen Küste aufweisen.

Ganz in der Nähe liegt die Laguna del Limon. Sie ist kleiner und hat keinen direkten Zugang zum Meer. Die Vegetation ist dadurch weitgehend frei von Halophyten. Manche Zonen neigen zur Verlandung, die örtlich vor allem durch die Wasserhyazinthe Eichhornia crassipes geprägt wird. Auch hier freuen sich die Fischer über die üppigen Zugänge im Netz. Die hohe Präsenz von Tilapia, einem Buntbarsch aus Ostasien, wurde durch die FAO in zahlreichen dominikanischen Gewässern gefördert, auch im fernen Lago Enriquillo. Sicherlich mit guten Absichten hinsichtlich der Versorgung der Bevölkerung mit tierischem Eiweiß. Aber mit gewaltigen Einschnitten in die heimische Fischfauna. An Amphibien kommen hier zwei Schwergewichte vor: die Riesenkröte Bufo maritima und der Ochsenfrosch Rana catesbeiana. An Reptilien treten kleinere aquatisch lebende Schildkröten auf.

Am Rande einer Hütte liegt ein kleines Mädchen mit verweinten Augen. An ihrem linken Fuß klebt ein Brett. Sie ist in einen Nagel getreten. Sie weist alle Hilfswilligen ängstlich ab. Ich verwandle mich sprachlich in einen „Dottore" mit schmerzstillenden Fähigkeiten. Oder ist es meine Hellhäutigkeit, die mich begünstigt, in ihre Nähe zu treten? Beim Herausziehen des Brettnagels fallen mir Binsenweisheiten ein, die mir früher als barfüßiger Jugendlicher behilflich waren, den Schmerz zu begrenzen. Schließlich ist man damals nicht selten in ein Brett mit einem rostigen Nagel getreten. So ist es hilfreich, beim Entfernen des Brettes die andere Hand gegen den betroffenen Fuß zu drücken. Später kommt die dicke Lala, die im Ort tätige Krankenschwester, die meinen Patienten mit einer Tetanusspritze versorgt.

Wir schlafen in der Sala von Dona Luisa. Kulinarisch versorgt werden wir reichlich mit Reis und Fisch aus der Region. Wir fühlen uns wohl in dieser artenreichen Sumpflandschaft, die verwöhnt wird von den in anderen Regionen begrenzten Faktoren wie Wasser und natürliche Bodenfruchtbarkeit.

Fährt man die Piste weiter in Richtung Osten, später Südosten, nähert man sich dem Touristenwimmelort Bavaro, der in der Nähe vom Flughafen Punta Cana liegt. Der einst kleine Fischerort entwickelte sich zu einem der größten Touristenzentren des Landes. Der Wasserwirtschaftler in uns würde sich fragen, woher die überzahlreichen Gäste hier das Süßwasser für das tägliche Bad und die Dusche nehmen. So viel gefüllte Gießkannen fallen unmöglich aus den Wolken. Wahrscheinlich wird es unterirdische, meeresnahe Süßwasserblasen geben mit einer bei Entnahme zeitlich begrenztem Volumen.

Isla Saona

Die etwa 25 Kilometer lange Insel liegt nahe der Südostspitze des Landes und ist Teil eines Nationalparks. In den 1980-^^er Jahren lebten hier einige Fischerfamilien mit ihren Kindern und es gab, wie auf der Insel Beata im Südwesten des Landes, eine Marinebasis. Viel weiter östlich der Insel liegt Puerto Rico. Viele Dominikaner träumen davon, diese unter amerikanischer Flagge liegende Insel zu erreichen, überwiegend illegal und per Motorboot. Manche haben es geschafft, die meisten unter ihnen wurden jedoch nach dem Anlanden von der Marine aufgegriffen und wieder zurückgeschickt. Viele bezahlen ihr Abenteuer jedes Jahr mit dem Leben.

Wir verlassen die in ihrer Architektur unvergleichliche Kirche der Stadt Higuey mit ihrem ausgedehnten Palmenpark und fahren gegen Süden. Vorbei geht es an endlosen Weidegebieten, die mit den armdicken Stangen des schmetterlingsblütigen Kleinbaumes Gliridicia sepium begrenzt sind. Die Bauern „pflanzen" diese Stangen nur zu bestimmten Zeiten, zu denen der Mond eine bedeutende Rolle spielt.

Wir sind mit zwei Motorrädern zur Küste gefahren. Wir, das sind vier Entwicklungshelfer des Deutschen Entwicklungsdienstes, die sich am verlängerten Wochenende auch mal etwas Schönes gönnen wollen. Wir passieren umfangreiche Zuckerrohrfelder. Auf den Hängen hat sich eine der Trockenheit angepasste Dornbuschsavanne ausgebreitet. An einem Colmado bei dem Fischerdorf Bayahibe versorgen wir uns mit Getränken und Lebensmitteln. In der Nähe wartet bereits das vorher organisierte Fischerboot auf uns. Der Kapitän und sein Sohn starten den Motor. Wir lassen den einsamen Palmenstrand von Puerta Laguna mehr und mehr hinter uns. Über uns kreisen Fregattvögel. Der Sohn des Fischers hält eine Angelschnur, an der bald ein kräftiger Barrakuda angebissen hat. Es dauert geraume Zeit, bis er den kapitalen Pfeilhecht auf das Boot verfrachtet hat.

Wir landen an einem menschenleeren Strand. Kokospalmen grüßen mit ihren schopfartigen Wedeln. Wir schleppen unser Gepäck am Strand entlang und suchen uns eine günstige Stelle, wo wir unser Lager herrichten. Moskitonetze werden an Palmstämmen festgebunden, ein Lagerfeuer wird entfacht, und bald brutzelt und gart es lustig auf der mit drei Steinen provisorisch errichteten Kochstelle.

Nach einem guten Essen erkunden wir die Insel. Mit Wasserflaschen versorgt, geht es am Strand entlang. Riesige Schneckenhäuser bleichen in der Sonne, entseelte Korallen. Spuren im Sand, wohl von Vögeln und kleinen Echsen. Im Bereich löchriger Kalkfelsen, die im flachen Wasser liegen, zischt und brodelt es. Ein Teil dieser Gesteinsbänke ist unterspült, und aus ihren Poren zischen Wasserfontänen heraus, wenn größere Meereswogen herankommen. Krebse verschwinden in den Felsspalten.

Um uns vor der kräftigen Sonne zu schützen, wandern wir durch ausgedehnte Palmenhaine, die zwischen Strand und einer örtlich aufkommenden Mangrovenzone liegen. Mit Kokosnüssen beladene Maultiere kommen uns entgegen. Die reifen Nüsse werden von den Bewohnern mit langen Stangen von den Palmen geschüttelt und in Haufen aufgeschichtet. Die Kokosfaser, die zäh die Nuss umhüllt, wird mit scharfen Eisen aufgerissen und entfernt. Das weiße Fruchtfleisch wird aus der Nuss herausgeholt und auf Feuer getrocknet.

Ein Lob auf die Kokospalme! Der Stamm eignet sich als langlebiges Bauholz, die Fiederblätter dienen als Dachbedeckung oder als Flechtmaterial, auch für Sonnenhüte. Die

Kokosfaser ist Ausgangsmaterial für Stricke, und die Nuss-Schalen ersetzen das spärliche Anfeuerholz zur Erwärmung der Mahlzeiten.

Wir blicken auf eine in blaues Farbmuster getauchte Bucht, wo das Meer gegen leblose Korallenblöcke schlägt. Eine Pelikankolonie schaukelt auf den Wellen. Bei unserem Näherkommen starten sie mit schweren Flügelschlägen vom Wasser und umkreisen ihren Futterplatz.

Der Marsch geht weiter. Wir passieren eine völlig vegetationslose Lagune. Nur drüben, bei den Kokospalmen, wachsen Sukkulenten in dichten, meterhohen Formationen der Gattung Kalanchoe. Dann erreichen wir ein Dorf aus Holzhütten und Palmdächern. Ein Fischerdorf mit spielenden Kindern, dazwischen Hunde und Hühner. Und ein Colmado, der uns mit fast kühlem Bier erfrischt.

Die Insel Saona im Südosten des Landes

Im Schatten einer Hütte lassen wir uns wohlig-ächzend nieder und betrachten das Flugspiel der Fregattvögel. Flugkünstler zwischen Sonne und Palmkronen, die bisweilen ohne Flügelschlag wie regungslose Flugdrachen in der flimmernden Luft liegen. Ein nackter Junge läuft vorbei mit einem Fisch, der fast größer ist als er selbst. Ein Barrakuda. In manchen Gegenden der Karibik wird er von Fischern mehr gefürchtet als der Hai. Mit seinen scharfen Zähnen kann er dem in hüfthohem Wasser stehenden Netzwerfer schlimme Verletzungen zufügen.

Es ist ein typisches Fischerdorf, in dem wir hier gelandet sind. Am Strand wird ein völlig heruntergekommenes Schiff repariert. Zum Teil sieht man nur noch das Gerippe in Form geschwungener Balken, auf welche Bretter genagelt werden. Es sieht aus wie ein riesiger Fisch, bei dem zum Teil die Gräten zu sehen sind. Wer Hemingways Buch über den alten Mann und das Meer kennt, dem gehen die geistigen Lampen an.

Weit draußen im Meer schießen in unregelmäßigen Abständen gewaltige Fontänen in die Luft. Es sind Buckelwale, die in den Wintermonaten vor allem im Bereich der Bucht von Samana zu sichten sind.

Es wird Abend. Auf den Palmen singen schwarzfarbene, amselgroße Vögel wie Nachtigallen. Eine ältere Frau bringt uns Fisch und Maniok, hier „Yuca" genannt. Bald gart es langsam über dem Lagerfeuer. Wie Millionäre liegen wir unter dem Palmendach am Strand, lauschen der Musik der Grillen und Wellen. Und während die Sterne glitzern, füllen sich die Bäuche. Morgen werden wir wieder zum Ausgangslager zurückmarschieren, um von dort aus diese wundersame Insel Saona zu verlassen.

Der Nationalpark Los Haitises

Wie geschildert, führen zahlreiche Wege zu diesem Nationalpark. So, wie viele Wege nach Kehl oder Straßburg führen.

Zum ersten Mal, das war im Mai 1985, kommen wir aus Santo Domingo. Die zweiwöchige Reise mit zwei Geländefahrzeugen haben wir schon seit längerer Zeit geplant. Wir, das sind Vertreter des „Departamento Vida Silvestre", das dem Landwirtschaftsministerium angegliedert ist. In den Versorgungskisten auf den Autodächern liegen Zelte, Kochgeschirr und Proviant. Das Ziel ist der Nationalpark. Wir wollen vor allem botanische Untersuchungen durchführen, haben aber auch Spezialisten der Vogel- und Reptilienfauna an Bord. Wir haben uns tagelang gut vorbereitet, auch mental. Das Gebiet gilt als eines der noch jungfräulichsten Urwaldzonen des Landes mit vielen noch unerforschten Arten im Bereich Flora und Fauna. Unter anderem will man dem legendären Schlitzrüssler „Solenodon paradoxus" auf die Spur kommen. Man kennt seine Losung aus den nur schlecht begehbaren, bergigen Karstgebieten bei Cabrera, nicht weit von Nagua. Daraus ersieht man, dass ein Teil seiner Nahrung aus Schnecken und Schalentieren besteht. Solenodon paradoxus, ein Kleinsäugetier aus der Familie der Schlitzrüssler, die den Insektenfressern wie Fledermaus, Spitzmaus und Igel nahestehen.

Nach vierstündiger Fahrt mit unseren geländeerfahrenen Jeeps in nördlicher Richtung nähern wir uns dem Rande eines gewaltigen Mangrovengürtels, der, die Bucht von Samana begrenzend, wie ein Schutzmantel seeseits den Park säumt. Nicht sehr weit von Sabana de la Mar. In einer Gebüschzone in der Nähe eines Mangrovensaumes lassen wir unsere Fahrzeuge stehen. Wir laden unser Gepäck aus. Mit Ausnahme meiner brandneuen, elchledernen Sportschuhe, die ich in Berlin mit nicht wenig Geld in einem Fachgeschäft kaufte. Ich habe sie mit einem winzigen Schloss in den Sperrholzkasten auf dem Dach eines unserer Fahrzeuge verstaut, um sie vor dem zähen Schlick der Mangrovenzone zu bewahren. Und vor Dieben. Jede badische Hausfrau hätte meinem Ansinnen damals beigestimmt. Im Nachhinein gönne ich es dem erfolgreichen Dieb und hoffe, dass ihm meine Schuhgröße auch gepasst hat.

Wir steigen in ein kleines Fischerboot mit Motor ein, das bereits auf uns wartet. Organisation ist alles. Die Fahrrinne ist eng und wird rechts und links begrenzt durch dichtes, bis zehn Meter hohes Mangrovengebüsch. Es wird lediglich durch die Art Rhizophora mangle beherrscht. Dieser Wasserwald steht inmitten einer gewaltigen, undurchdringlichen Schlammansammlung, die durch sein dichtes Stelzwurzelwerk festgehalten wird. Luftwurzeln ranken vom Geäst nach unten. Die lanzettlichen Fruchtkörper hängen an den Zweigen. Wenn sie sich lösen, bohren sie sich wie Speerspitzen in den Schlamm, um alsbald zu wurzeln und nach oben zu wachsen. Eigentlich handelt es sich hier um gut entwickelte Embryonen, die sich von der Mutterpflanze emanzipieren, um endlich ein eigenes Leben führen zu dürfen. Örtlich kommt eine weitere Mangrovenart, Laguncularia racemosa, aus der Familie der Combretaceae auf. Sie ist an einer anderen Atmungsstrategie zu erkennen. Aus dem Schlamm kommen Luftwurzeln wie dicht aneinander gereihte Bleistifte an die Oberfläche.

Schlangenhalsvögel tauchen auf und halten Ausschau nach Beute. Mitunter suchen sie krächzend das Weite. Winkerkrabben zeigen imponierend ihre großen Scheren. Ein meterlanger, karpfenähnlicher Fisch schwimmt dicht an der Wasseroberfläche. Er verschwindet mit einem gewaltigen Flossenschlag, als wir uns ihm nähern. Es ist eine imposante Sumpfwaldlandschaft hier, durch die der Bootsführer umsichtig sein Gefährt lenkt.

Südlich der Bucht von Samana liegt der Nationalpark Los Haitises

Nach einer Anzahl wilder Flussbiegungen ist es dann soweit. Wir erreichen das Meer. Viele, zum Teil recht kleine, spitz zulaufende Inseln sind ihm vorgelagert. Noch ist die Sicht zum offenen Wasser hin versperrt. Dann öffnet sich der Blick zu einer fast unwirklichen, herrlichen

Kulisse einer dichtbewachsenen Inselgruppe, deren gezackte, weißfarbene Kalkfelsen sich wirkungsvoll vom lebhaften Blau des Meeres abheben. Diese kleinflächigen Inseln ragen wie Zuckerhüte aus dem Wasser. Willkommen im Reich der „Mogotes". Bald kommt eine Brise auf. Das Boot tanzt auf den Wellen. Es wird ungemütlich. Vor allem dann, wenn die Wellen das Boot von vorne angreifen und diese dann den Bug nach oben leiten, um dann hart auf den Wasserkörper aufzuschlagen.

Wir durchqueren diese von bizarren Kalkfelsen geformten Inselgruppen. Pelikane stürzen sich mit angewinkelten Flügeln ins Meer, während die schwarzfarbenen Fregattvögel mit den typischen Gabelschwänzen weit über unseren Köpfen dahinziehen. Und weit oben schweben „Mauras". Wie riesige Bussarde liegen sie schwebend in der Luft und charakterisieren die Himmelsszene des Großraumes Samana. Wenn dieser Vogel vermehrt auftaucht und seine nach unten spiralig lenkenden Kreise zieht, kann man auf ein verendetes Säugetier bis zum Umfang einer Kuh schließen.

Die See wird schwerer. Die Wellen brechen sich an den unterspülten Kalkfelsen, von denen das Wasser, tausenden von schäumenden Perlenschnüren gleich, nach unten zischt. Dann öffnet sich eine Bucht. Das Wasser wird ruhiger und vor uns liegt, unter schattigen Hainen aus Kokospalmen, ein verträumtes Fischerdorf. Bald stehen unsere Zelte, und es brutzelt in den Feldtöpfen. Es riecht nach gebratenem Fisch.

Bevor die Nacht hereinbricht, baden wir unten am Fluss, der aus einer riesigen Höhle herauskommt. Die oberen Wasserpartien sind warm, salzig, kommen offensichtlich als Gegenströmung von der nahen, etwa zweihundert Meter entfernten Meeresbucht her. Die unteren, zum Meer strömenden Wassermassen sind recht kühl. Süßwasser. Ein Fischerboot lädt seine stattliche Beute aus. Darunter finden sich zwei große Rochen.

Bald lassen wir uns das Essen schmecken. Aus der provisorisch anmutenden Naturküche einer uralten Frau. Es gibt Fisch, Reis, Spaghetti mit Soße nach dominikanischer Art. Alles auf einen Teller und zwar gleichzeitig. Literweise wird mit Wasser nachgespült. Dann genießen wir die Nacht.

Welche Nacht! Glühinsekten schwirren. Die feuchtheiße Luft ist erfüllt von Insektenzirpen. Gewaltige, schnarrende Töne des Ochsenfrosches Rana catesabeiana, den dunklen Kehllauten alter Krähen ähnlich, kommen aus der Schwärze des Regenwaldes, im Chor wispernder Baumfrösche aus den höheren Etagen der Baumgiganten. Und dann verdunkelt sich der Sternenhimmel und Tropfen fallen. Die Nacht bringt viel Regen, der durch unsere Zelte dringt, und die Schlafsäcke werden klamm. Aber die kleinen nächtlichen Plagegeister in Form winziger Fliegen oder Moskitos bleiben glücklicherweise aus. Des morgens, nach dem Genuss von Kaffee und einer köstlichen Fischsuppe, geht es mit dem Boot weiter.

An einem kleinen Dörfchen am Rande einer Flussmündung setzen wir den Bug auf den Sand. Einige Hütten stehen hier, mit dünnen Brettern und Bambus kunstvoll zusammengezimmert. Am Ufer liegen angeschwemmte Liliengewächse der Gattung Eichhornia crassipes. Sie bedecken örtlich austrocknende Sumpfflächen und verlandende eutrophe Teiche und Seen. Als Kosmopolit kommt diese Art, selten geliebt, im tropischen Asien und auch in Afrika vor.

Wir steigen aus und erobern die Hügelzone. Verwüstungen. Nomadisierende Bauern haben Teile des anstehenden Feuchtwaldes gefällt. Der Wanderhackbau hinterlässt, ohne nachhaltigen Nutzen zu bringen, seine tiefen Spuren. Was hier an Urwald in Jahrtausenden wuchs, wird in wenigen Jahren zerstört.

Wir kehren zurück. Das kleine Holzboot trotzt nur mühsam den Wellen im Bereich der Flussmündung. Der Bootsführer macht uns auf eine Höhle aufmerksam. Dort landen wir an. Der Eingang ist so groß wie eine Markthalle. Wir brauchen eine Weile, bis sich die Augen an die Dunkelheit, die hier im Innern der Höhle herrscht, gewöhnt haben. Es riecht muffig. Ein mächtiges Gewölbe, zum Teil mit imponierenden, herunterhängenden Kalkzapfen löst sich aus dem düsteren Schleier. An einigen Stellen diffundiert das Licht dezent nach unten. Fledermäuse geben ihre hellen, spitzen Töne von sich, flattern, dem neugierigen Auge verborgen, irgendwo oben in den dunklen Partien des mächtigen Gewölbes. Dann ein Schrei. Thomas, unser Vogelkundler, ist in ein Erdloch gestürzt. Doch zum Glück ist nichts Ernsthaftes passiert. Schritt um Schritt uns in dieser düsteren Naturhalle vortastend, machen wir eine für uns zunächst unerklärliche Entdeckung: am Boden liegen die Gehäuse verschiedener Meeresschnecken. Darunter auch „Strombus gigas", eine riesige Molluske, deren Gehäuse an so manchen Stränden von Haiti wie eine wunderschöne Müllhalde liegt. Ihr Fleisch ist wohlgeschätzt und wird in Restaurants auch mit höchsten kulinarischen Ansprüchen angeboten.

Wir graben und legen schichtweise geordnete Ansammlungen verschiedener Arten von Meeresschnecken frei. Vor vielen Jahren, als es wohl zu einer Hebung der Höhle kam, konnten die Tiere nicht mehr rechtzeitig abwandern.

In unser Camp zurückgekehrt, wird eifrig um die Wette gekocht. Moro, ein dominikanisches Reisgericht mit Bohnen. Daneben Spaghetti. Unsäglich weich und matschig und für einen Italiener ungenießbar. Aber Hunger ist der beste Koch.

Der andere Morgen. Fünf Uhr im Halbdunkel. Der ausgemergelte Mann mit seinen Lasttieren, einem Pferd und einem Maultier, steht überpünktlich auf der Matte. Unser Chef Emilio hat ihn bestellt. Und er solle doch in aller Herrgottsfrühe kommen, meinte er nächtens noch leidenschaftlich und gesprächig. Aber Emilio schnarcht tapfer bis acht Uhr. Dann erst löst sich die Macht des genossenen Rums.

Der Marsch beginnt. Es geht örtlich über steile, steinige Pfade. Für das Pferd wird es schlimm. Es trägt die zentnerschwere Last unserer Ausrüstung, kommt mit dem äußerst schwierigen Pfad nicht zurecht. Wir marschieren durch den morgendlichen, frischen Regenwald. Die Sonne scheint, aber ihre Strahlen durchdringen nur selten die dichte Blattkrone des Waldes. Nie zuvor gesehene Pflanzenarten, niemals je erlauschte tierische Geräusche eröffnen sich vor dem erstaunten Auge und dem Ohr des Eindringlings. Tillandsien sind es in diesem Areal, die den Blick fesseln: auf Bäumen aufsitzende Bromeliengewächse in vielerlei Arten und Formen. Eine Art - Tillandsia usneoides - ist von einem lockeren, überhängenden Wuchs, die wie die Bartflechte im nordskandinavischen Raum von den Ästen alter Urwaldriesen hängt.

In verlichteten, von der Sonne verwöhnten Zonen gaukeln Großschmetterlinge. Hier wachsen - Zeiger von Sekundärwuchs - die dünnschäftige Baumart Cecropia peltata und Pfeffergewächse wie Piper aduncum. Sie sind stumme Zeugen früherer Eingriffe in den Wald. Farne, kleinwüchsig bis baumhoch, grüßen seitlich des engen Pfades. Tief eingefurchte

Schluchten und gewaltige Steilhänge bilden das morphologische Erscheinungsbild dieses Kalkfelsengebirges.

Aber dann ist er wieder da, der intakte Urwald. Über uns ein Musikcorps von Grillen oder Zikaden. Die Zirptöne erinnern an südspanische, nächtliche Olivenhaine. Zunächst dezent, um dann plötzlich anzuschwellen in ein gewaltiges Orchesterfinale. Grünfarbene Papageien der Gattung „Amazonas ventralis" begrüßen uns mit lautem Geschrei in einem mächtigen Gummibaum. Eine Würgefeige. Sie hat einen Teil ihres üppigen Luftwurzelgeflechts um einen anderen Urwaldriesen geschlungen. Wie ein kämpfender Ringer. Wenn wir ein Jahrzehnt später hier vorbeikommen sollten, könnten wir vielleicht erkennen, wer als Sieger den Lorbeerkranz tragen wird. Unterwegs ein paar Urwaldhütten mit fehlernährten, dickbäuchigen Kindern. Der dominikanische Regenwald ist eiweißarm und keinesfalls ein Paradies für die menschliche Ernährung.

Der Marsch wird beschwerlich. Mütterlein Erschöpfung, des morgens weit weg, als noch gipfelstürmende Gedanken das wohlgerüstete Bewusstsein erfüllten, meldet sich, wenn auch noch schüchtern, an. Und bald wird es nur noch ein Torkeln im ausgetretenen Waldpfad. Wenn der Fuß knöcheltief im Schlamm steckenbleibt, von Moskitos malträtiert, stellenweise im Lianengewirr hängenbleibt, wird der Befreiungsakt immer langsamer und bedächtiger.

Und dann passiert es: das Pferd strauchelt, rutscht nach unten ab, stemmt sich mit den Vorderhufen gegen den schlammigen Boden, gleichzeitig geschickt mit den Hinterbeinen einknickend. Aber dem Gesetz der Trägheit folgend, schiebt sich der hintere Teil des Tieres nach vorne und bricht seitlich aus. Nun liegt es da und schnaubt unter der Last des schweren Gepäcks. Ein Schlafsack, der als Packsack genutzt wurde, wird bei dem Malheur aufgerissen, ein Teil des Inhaltes rollt durch die Gegend. Zum Glück ist nichts Ernsthaftes passiert. Das Pferd steht mit Mühen, aber willig auf. Unser Gepäck hat Federn lassen müssen. Von seitlich der Wege herausragenden Felszacken zerrupft, hängen die Packsäcke in beschädigtem Zustand vom schweißtriefenden Pferd.

Pferde. Stolze, galoppierende Steppentiere mit wild in den Winden flatternden Mähnen. Lokalmatadore auf den Rennbahnen der Welt. Aber hier auf den schlüpfrigen Pfaden des Urwaldes triumphieren Esel und Maultier.

Dann geht es weiter. Wie eine zusammengezuckte Anakonda, so liegt der steil abfallende Pfad vor uns. Ihn bis zur fernen Talniederung zu durchmessen, wird zu einer Herausforderung für Mensch und Tier. Kleinechsen der Art „Anolis" huschen die Bäume hoch. Eine meterlange, grünfarbene Schlange kreuzt den Weg. Eine harmlose Natter, „Darlingtonia haitiana". Kolibris, mehr hör- als sichtbar, schwirren im dunklen Gebüsch. Eine grasgrüne Echse zeigt sich - keinesfalls scheu - auf einem besonnten Baumstumpf. Und ein großer Schmetterling gaukelt auf einer Waldlichtung.

Wir rasten an einer luftigen Holzhütte, deren Bewohner den frühen Sonnenstrahl durch das Dach täglich genießen können. Gönnen uns und den Lasttieren Ruhe. Eine Kinderschar begrüßt uns. Alles wird neu geordnet. Frisches Wasser lässt Kraft und Mut in unsere Körper strömen. Ein Bohnengericht dampft auf dem Feuer. Werkzeug lehnt an den Holzwänden, natürlich vorwiegend Macheten. Es ist ein Haitianer, der hier sein bescheidenes Domizil, offensichtlich mit zahlreichen anderen, aufgeschlagen hat. Denn üppig sind Kochgeschirr, Macheten und Schlafgelegenheiten. Der im Umgang mit der Machete Kundige ist Meister im Ernten von Zuckerrohr und dem Fällen von Bäumen. Seine Vorfahren wurden als Sklaven auf die Insel verbracht und wurden zur Fronarbeit gezwungen. Früher unter dem Joch französischer Kolonialherren. Heute sind es dominikanische Zucker- und Rum-Barone, die ihre Arbeitskraft schätzen. - Nur sie? Langsam wird uns klar, dass wir Zeuge einer gigantischen Naturzerstörung sind. Praktisch unbemerkt von der in Städten und Dörfern lebenden Bevölkerung. Ausgeführt durch willige und billige Arbeitskräfte, die das Joch ihres Daseins nur deshalb tragen, weil die Lebensbedingungen in ihrem eigenen Land Haiti noch viel, viel schlimmer sind. Zusammen mit hier aufgewachsenen Schicksalsgenossen, deren Vorfahren, Sklaven aus den Südstaaten der USA, seit Generationen hier leben. In einer nie beachteten Subkultur, wo es keine Errungenschaften der Zivilisation wie Schule, Krankenhaus oder Rentenversicherung gibt. Aber eines ist uns jetzt schon klar: hinter dieser Zerstörung liegt eine Logistik, die nicht den Köpfen der hier Lebenden erwuchs. Was wir später erfahren, übersteigt alles, was wir bisher für möglich hielten....

Um eine große Anbaufläche für den exportorientierten Kolochasien-Anbau zu gewinnen, wird nicht mühsam Baum um Baum abgeholzt. Die Gehölze werden lediglich eingekerbt. Parallel werden vor allem größere Bäume angesägt. Dann wird ein einzelner Dominostein in Form eines ausgewählten Urwaldriesen in eine ganz bestimmte Richtung gefällt. Wenn die Rechnung aufgeht, liegt ein gewaltiges Areal eines ehemals intakten Regenwaldes am Boden.

Es gibt Dinge, die man unmöglich verstehen kann. Wenn der Wert einer Naturwaldlandschaft mit seinem noch nie vollständig erforschten Artenspektrum und seiner vielfältigen ökologischen Bedeutung dem kurzfristigen Anbau einer Exportkultur geopfert wird, kann nur eine aufsteigende ohnmächtige Wut verhindern, den Verstand zu verlieren.

Dann kommt die Stunde des Köhlers. Holz wird zu kugelartigen Formen mit einem kleineren, ausgehöhlten Innenraum aufgeschichtet und mit Erde überzogen. Tage dauert dieser mühsame Prozess. Dann wird befeuert. Bald zieht Rauch über diese Zonen, der zuweilen nächtens beißend in die Nasen der hier Lebenden dringt. Die Zweige werden verbrannt. Verbrannte Erde, mineralienreich, die alsbald mit Kochosia esculenta, einer stärkereichen Knollenfrucht, bepflanzt wird. Aber nur wenige Jahre. Dann ist die Fruchtbarkeit der Erde erschöpft, die mehr und mehr während der Regenzeiten abgespült wird. Dann geht das Abholzen weiter. Eine Art von Wanderhackbau, der irreversible Schäden hinterlässt.

Die stark von Menscheneinfluss gezeichnete Kegelkarstlandschaft wirkt dennoch grandios durch gewaltige, gezackte Felsentürme, die oben mit jungfräulicher Vegetation bedeckt sind. Von der Luft aus gesehen, gleicht sie einer viele Quadratkilometer großen Eierschachtel. Mit Feuchtwald bestandene, örtlich linear verlaufende Flachzonen, in denen wir uns nur durch den ortskundigen Führer mit seinen Huftieren bewegen können, wechseln ab mit dicht bewachsenen, unzugänglichen Karstkegeln, die höchstens mit Bergsteigerausrüstung zu erobern wären. Zum Glück. Denn so ist diese wilde Landschaft mit funktionsfähigen Mosaiken ausgestattet, deren regenerative Kräfte wenigstens einen Teil ihrer Artenvielfalt bewahren. Ihr faszinierender Anblick lässt aufkommende Müdigkeit vergessen, die sich wie ein raffinierter Dieb in die Beine schleicht. Vor uns ein gewaltiger, spitz zulaufender Felsendom, streng abgegrenzt von umliegenden Tälern. Die gewaltige Erosionskraft des Wassers selbst war es, welche dieses Meisterwerk an Naturbild geschaffen hat. Dann überfällt uns die Nacht.

Der Nationalpark ist nicht nur aus biologischer Sicht etwas Einmaliges; auch geologisch und naturhistorisch ist er von tiefer Bedeutung. Die Urbevölkerung, die Tainos, hinterließen zahlreiche Spuren in Form von Felszeichnungen und eingeritzten Darstellungen. Geologisch handelt es sich um ein Karstgebiet, bestehend aus Kalkformationen aus dem Tertiär. Niederschläge münden in Karstquellen, die, umgeben von dichten Mangroven, ins Meer fließen. Die einzeln im Meer aufragenden, bewachsenen Kalkfelsentürme nennt man Mogotes.

Wir tauchen, bevor es extrem steil nach oben geht, in dichte Gebüschformationen ein, wo kaum ein Sonnenstrahl in die tieferen Vegetationsschichten eindringt. Angenehm ist es hier, kühl und schattig. Labsal für die rotgebrannte Haut und für das in sonnendurchfluteten, waldentseelten Bereichen nur blinzelnde Auge, das sich hier, im Tiefgrün der Blättermassen, wohltuend weit öffnen kann.

Eine gluckernde Quelle sprudelt aus einer winzigen Felsengrotte. Kaulquappen schwimmen im glasklaren Wasser. Ein Baum mit gewaltigen Bretterwurzeln. Eine Liane mit dem Durchmesser eines schwerbäuchigen Mexikaners liegt, verwoben mit Farnen und Orchideen, im Astgewirr. Mühsam geht es weiter nach oben, und bald ist wieder jener Zustand erreicht, wo Durst und Erschöpfung, Schweiß und Insektenstiche Augen und Sinne vernebeln.

Eine kleine Hütte, willkommene Rast. Ein Junge knallt imponierend mit der Peitsche, vertreibt ein Huhn, das bisher vergeblich versuchte, einen langgezogenen Futterbrocken zu verschlingen. Wo eine Hütte ist, sind auch Hühner. Sie werden nicht gefüttert. Aber sie sind Weltmeister im Jagen. Eine meterlange Schlange hat hier keine Chance und wird von einer gierigen Hühnerschar, die sich durch lautes Gackern vereint, erbarmungslos zerhackt. Die Natur ist robust. Die weit mehr als zwei Meter lange Würgeschlange „Epicratis div. spec.", die in unterschiedlichen Farbtönen und Mustern in vielen feuchteren Zonen des Landes vorkommt, liebt und verschlingt Hühner. Aber als Jungtier wird sie zu deren Opfer.

Er wohnt hier, der kleine Mann, mit seiner schwangeren Mutter und einem Haufen Geschwister, deren Schulweg so weit ist, dass sie nicht hingehen können. Außerdem bräuchten sie eine blaue Uniform und müssten Stühle für die Schule mitbringen. Man bietet uns Kaffee an. Und frisches Wasser.

Kinder im Urwald. Je nach Alter leben sie im Schutze der Angehörigen, wobei die weiblichen, vom Kind bis zur Urgroßmutter, die prägende Rolle spielen. Die lauffähigen Jungbarone rotten sich zusammen und verschwinden bis zur einbrechenden Nacht in den geheimnisvollen Tiefen der Waldzonen. Dort lernen sie - der Eine vom Anderen - die Kunst des Überlebens. Sie überlisten Fisch und Krebs in kleinen Gewässern; sie bauen provisorische Unterkünfte aus Baum- und Strauchmaterial und beherrschen das Entfachen von Feuer. Erst abends, nicht selten hungrig und mit Schrammen und Insektenstichen versehen, kehren sie oft wehklagend wieder zurück.

Es sind manchmal Kleinigkeiten, die unsere erschlafften Lebensgeister wieder wecken. Ein frischer, anhaltender Lufthauch, ein Schluck Wasser, ein winziger Schluck Rum oder ein Biss in die Zitrone. Wir erholen uns und genießen das herrliche Panorama, welches sich hier bietet: wild gezackte, steil aufragende Felsmassive im Urwald. Senkrecht fallen die Felswände ab, die beiderseits des Pfades liegen. Wer hier abrutscht, muss Vogel sein. Baumfarne grüßen aus dunkelfeuchten Schluchten. Der Schrei von Greifvögeln dringt durch das dichte Blätterdach. Örtlich tritt eine von der Abholzung beeinflusste Sekundärvegetation auf.

Wir verbringen die Nacht in einer Holzhütte. Mäuse und Nacht-Gekkos machen sich im Gebälk bemerkbar. Der Mond zeigt sich als schüchterne Sichel, als wir das Lagerfeuer entfachen. Hunger. Die Strapazen des Marsches machen sich bemerkbar. In einer nahen Talniederung wird Wasser geholt. Kaulquappenwasser. Bald wird ein Tee Marke „Urwaldmischung" zubereitet. Reis wird unter Zugabe von Kräutern und Bohnen zu einem Moro gekocht. Hier wächst ein Strauch, dessen Früchte von der hiesigen Bevölkerung zerstoßen und als rotfarbenes Pulver in die Soßen eingerührt wird: Bixa orellana (Bixaceae). Die hier Heimischen verwenden es auch als Mittel gegen Insektenstiche. Auch als Färbemittel für Lippen oder Haare soll es dienen. Sollte dieser Strauch von der pharmazeutischen Industrie entdeckt werden, würde es ihm so ergehen wie Aloe vera. Oder dem Urwaldkiller Kolochasia. Der global-industrielle Vermarktungswahn kennt keine moralische Grenzen.

Frauen waschen sich im Schatten von dichtem Bambusgebüsch, als wir „Trepada alta", eine kleine Urwaldsiedlung, erreichen. Es ist Mittag, man gewahrt nur alte Mensch im Schatten der Hütten. Nachdem frisches Quellwasser unsere angetrockneten Innereien angefeuchtet hat, lagern wir faul unter einem alten Urwaldriesen und vertrödeln die Zeit, lassen den Tag ausklingen. „Zeit, was ist Zeit? - Komm, amigo, lass Dein Sinnen. Im Colmado wartet ein Trago mit Rum auf uns", meint Sergio, unser Führer. Aber den Rum suchen wir vergeblich.

Der andere Morgen. Wir pumpen uns voll mit dem, was es gibt. Wobei insbesondere auf die notwendige Menge Wasser geachtet wird. Ein wohl gefüllter, zufriedener Magen sorgt dafür, dass sich Herz und Kopf öffnen für das, was uns die Umwelt hier bietet: Gezackte Karstfelsen, unbesteigbare Felsformationen, die, unzugänglich, mit vielfältigen pflanzlichen Wuchsformen überzogen sind. Und geheimnisvolle Höhlen.

Die Höhle

Mühsam der schwere Weg ins Tal, wenn der Fuß im zähen Schlammfeld stockt,
zertreten von dem Huf des Maultierfußes.
Und weiter geht's. Bald grinst der Wald von fernen Hügelketten grün herab,
und vor uns gähnt es schwer im Erdengrund.

Wir nähern uns und dringen ein in diesen dunklen Schlund, um forschend
jene geisterhaften Schleier zu enthüllen, die fühlbar schwer das Labyrinth umgeben.
Noch einmal geht der Blick zurück zum Grottenmund, wo düster sich der Nebelglanz
des Sonnenstrahls im Widerschein des Pflanzenkleides bricht.

Dann stockt der Schritt im ewigdunklen Reich, wo wispernd sich
das Lied der Regentropfen mit dem der Fledermäuse paart;
wo, wie aus Geisterhand geschnitzt, ein Heer von zapfenart'gen Riesendornen
von oben zu dem Höhlengrunde streben.

Ein Feld von Schädelknochen liegt vor uns, wo aus dem Spalt der Haarfuß
einer Vogelspinne winkt und in der dunklen Felsenwand der Weberknecht verschwindet.
Und endlich füllt der Becher sich mit düsterm Grauen, dann, als plötzlich,
jäh im Fackelschein,
ein Kopf, muränengleich, mit waffenstarr'nden Zähnen aus dem Felsen springt.

In einer extensiv landwirtschaftlich genutzten Ebene haben die unermüdlichen Holzfäller einen gewaltigen Baum mit mächtigen Bretterwurzeln verschont. Ein Riesenkoloss von etwa 35 Metern Höhe. Ein Vertreter der zweiten Baumschicht für afrikanische oder südamerikanische Verhältnisse wie im Kongo, in Costa Rica oder Venezuela. Aber für die Wuchsleistung auf Hispaniola eine Sensation. Er ragt wie ein lebendes Relikt einer ehemaligen Urwaldvegetation aus den am Boden anliegenden Kulturen wie Maniok, Straucherbse und Kolochasie heraus, die mächtigen Äste mit Tausenden, epiphytisch lebenden Begleitpflanzen bedeckt. Echsen kriechen am Stamm, Vögel sitzen im Geäst. Habitat zahlreicher Pflanzen und Tieren und Pilzen. Ein Urwaldriese als Ökosystem. Als Art oder Familie nicht definierbar, da für den Botaniker wichtige Hinweise in Form von Blüten oder Früchten fehlen beziehungsweise sich in der nicht erreichbaren Krone verbergen.

Der feuchttropische Urwald ist ein gewaltiges Freilandlaboratorium für die Erforschung einer Vielzahl bisher unbekannter Arten, floristisch und faunistisch. Hervorragend geeignet für die Untersuchung von Lebensgemeinschaften und Wechselbeziehungen, für Anpassungs- und Einnischungsstrategien einzelner Arten. Die Zerstörung dieses einmaligen Lebensraumes erlaubt nicht einmal die seelenlose Inventarisierung von Arten und ihren Familien. Eine Perle zur Glorie einer Menschheit, die sich als Krone der Schöpfung betrachtet, wird einer industriell angebauten Pflanze namens Kolochasia geopfert, deren Extrakt als Soßenandicker in den Supermärkten der Welt angeboten wird.

Es lohnt sich, gedanklich zu dem von der Machete nicht berührten Urwaldriesen zurückzukehren. Es ist eine eigenartige Beobachtung, die der Verfasser auch in Schwarzafrika wie Kongo oder Ruanda gemacht hat: Inmitten einer bäuerlich kultivierten Landschaft bleibt ein einziger Baumgigant stehen, was aus rationaler Sicht nicht unbedingt zu erklären ist. Und nur eine Begegnung mit alten Menschen, deren Vertrauen man erst erwerben muss, kann einem den Weg über meditative Gespräche, wo auch urreligiöse Aspekte auftauchen, wo Urängste und Ehrfurcht vor der Natur eine Rolle spielen, finden lassen. In vielen Kulturen wird von Baumarten berichtet, die eine mystische Bedeutung haben. Bei uns werden Eiche und Linde in Liedern und Sagen hervorgehoben. In indischen Kulturen werden zahlreiche Gummibaum-Arten wie Ficus religiosa erwähnt. Jener Jahrhunderte alte Baum, der im Bereich zahlreicher Kirchen in Santo Domingo zu bewundern ist.

Die gegenwärtigen Beobachtungen über Rodung und Brand hinterlassen in uns eine seltsame Mischung wehmütig-tiefer Nachdenklichkeit und Betroffenheit. Was hier geschieht, und darüber haben wir alle inzwischen keine Zweifel, sind keine Einzelmaßnahmen der hier lebenden, einfachen Menschen. Dazu sind die Erscheinungsbilder der Zerstörung zu groß. Das ist, unbemerkt von der Bevölkerung außerhalb des Parks, organisiertes Verbrechen. Unter missbräuchlicher Ausnutzung der hier Lebenden.

Der Fußmarsch geht durch ein Feuchtgebiet. Wassernabel und Laichkraut, Wasserpfeffer und Froschlöffel. Alte Bekannte aus fernen, mitteleuropäischen Wasser- und Sumpfzonen grüßen als pflanzliche Kosmopoliten aus ihren hiesigen Lebensräumen. Im stark wasserführenden Bach, der sich schlangenartig durch die breite Niederungszone windet, stehen farbenprächtige Buntbarsche. Libellen zeigen ihre Flugkünste. Eine sumpfige, von vielen Huftieren zertretene Fläche mit zahllosen kleinen Wasserlöchern lädt zum Beobachten von Fluginsekten ein. Großschmetterlinge, bisweilen nur als Gaukler in der Luft zu sehen, lassen sich hier nieder.

Dann steigen wir eine Zone mit Kalkfelsen hoch. Eine Höhle öffnet sich vor uns, Habitat von Fledermäusen. Sie sind hier zahlreich und groß. Und wenn sie vom Lichtkegel der suchenden Taschenlampe erfasst werden, dann verlassen sie ihren Schlafplatz im Deckengewölbe, an dem sie wie zusammengefaltetes Papier hängen. Dann flattern sie, spitze, manchmal auch kräftigere Schreie ausstoßend, im Schwirrflug an der Höhlendecke. Es sind Früchte fressende Arten, was an unten liegenden Pflanzenresten unschwer zu erkennen ist. Die Nacht bricht an. Man gönnt sich ein erfrischendes Bad im nahen, kühlen Fluss. Dann melden sich Hunger und Durst. Und bleierne Müdigkeit.

Der andere Morgen. Regenwolken kommen auf. Bald prickelt es köstlich-erfrischend auf der Haut. Ostfriesland mit seinen Nieselregen taucht geisterhaft in den Gehirnzellen auf. Eine Holzhütte, bewohnt von Haitianern, lädt zu einem kurzen Lager ein. Ein übersüßer Kaffee wird gereicht. Palaver in den Nebelfetzen einer Karstlandschaft, die einst vom Mantel einer wilden, natürlichen Vegetation mit unzähligen Einnischungsmöglichkeiten für vielartige Lebensformen bedeckt war, und wo sich nur noch örtlich eine schüchtern wirkende Sekundärvegetation einschleicht. Weiter drüben ragen entseelte Baumstümpfe zwischen den eintönigen Kolochasia- und Maiskulturen heraus.

An diesem Tag werden wir zunehmend nachdenklicher. Wir sind alle den Vorzügen der Zivilisation aus unserem Arbeitsplatz in Santo Domingo entfleucht, um ein Urwaldgebiet zu erforschen. Beileibe nicht mit Klampfe und einem Lied auf den Lippen. Wissenschaftliche Neugierde, Abenteuerlust; der Kick, etwas Neues, Unerwartetes zu sehen, zu erleben, das war unsere Vorstellung, auch mit dem Wissen, dass auch Phasen der Entbehrung, Müdigkeit und Schmerz aufkommen werden und überwunden werden müssen. Wer die Gipfelsonne glücklich anbeten will, muss erst die Qualen des mühsamen Aufsteigens gemeistert haben.

Und wir haben ja bisher viel gesehen! Aber dennoch schleicht sich zunehmend eine gewisse Frustration ein. Je mehr wir in die Tiefe des Parks eindringen, desto häufiger treffen wir auf noch rauchende Zonen zerstörter Waldflächen und deutliche Spuren eines gigantischen Wanderhackbaus. Die ursprünglich in unserer Vorstellungswelt etablierten Gedanken, Urwaldforschung zu betreiben; dem jungen Alexander von Humboldt ähnlich, euphorisch von Baum zu Baum wandelnd, ungläubig zu erkennen, dass jede Art, jede Familie gar eine andere ist, weicht einem als deprimiert empfundenem, bleiernem Gefühl der Frustration, das uns bedrückt und betroffen macht.

Frustration über ein Urwaldgebiet, das wir uns ganz anders vorgestellt haben, wirkt lähmend. Dazu die vielfältigen Entbehrungen, die jeder Abenteurer kennt. Die Diskrepanz einer lockenden Erwartung zu einer ernüchternden Realität. Und da ist auch die ungewohnt lockere Art der Machetenträger. Wir sehen keine vor uns flüchtende Menschen, keine durch Scham oder Angst verlassene Abholzungszonen, im Gegenteil. Das Abgeholzte wird vor unseren Augen vorbereitet für eine Hauptkultur, die Kolochasia heißt. Vor unseren Augen. Und eine gespenstische Vorahnung, wer der Architekt der Zerstörungsmentalität des Nationalparks Los Haitises sein könnte, nimmt mehr und mehr Platz in unseren sorgenvollen Denkfalten ein.

Es wird endlich wieder Abend, und wir stellen die Zelte auf und kochen. An unsere Ohren dringen die protestierenden Geräusche eines aufgeschreckten Papageienschwarms. Zeitweise laut anschwellendes Grillenkonzert von den nahen Kalkfelsen. Dann wird es dunkel. Die Stunde der wispernden Baumfrösche bricht an. Ich bin müde. Die Knochen schmerzen, es beißt und kratzt auf der durchschwitzten Haut. Ich möchte nach Hause.

Der andere Morgen. Wir marschieren nicht lange durch mühsam kultivierte Zonen, dann hat uns der Regenwald verschluckt. Seitlich türmen sich senkrecht dichtbewachsene Kalkfelsen empor, durch die sich ein enges Tal schlängelt. Nach nur wenigen Stunden verwandelt sich das Erscheinungsbild und gibt, wieder einmal, deutliche Hinweise auf die Präsenz des wirtschaftenden Menschen. Nachtschatten- und Pfeffergewächse und ein dünnschäftiger Pionierbaum namens Cecropia peltata sind lebende Beweise für eine Sekundärvegetation. Dazwischen wachsen Bananenhaine.

Bananenhaine. Wo sie üppig gedeihen, füllt sich der Bauch des Menschen. Die noch grüne Frucht dient als Kartoffelersatz. Verfärbt sich ihre Schale gelb, schätzt man ihre Süße. Ein weiterer Reifungsprozess, sichtbar an der Schwarzfärbung der Schale, würde einen Schnapsbrenner aus dem Schwarzwald auf den Plan rufen. Im afrikanischen Ruanda wird damit ein Volksgetränk unter dem Begriff „Urgwagwa" hergestellt, welches man auf dem Lande als Bananenbier genießt.

Der Pfad führt durch eine dunkle Schlucht. Lianen durchdringen von Epiphyten bewachsene Bäume. Rabenvögel und Papageien sind zeitweise zu hören. Anolis-Echsen huschen durch das Dunkel des verwurzelten Urwaldbodens. Regen kommt auf. Es regnet auffallend oft in diesem nordöstlichen Teil des Landes. Noch einmal genießen wir die Rast in einer Hütte. Die Töchter des Hauses machen sich hübsch, als sie hören, dass wir sie fotografieren wollen. Es sind drei praktisch heiratsfähige Mädchen, die hier aufgewachsen und Angehörige einer ganzen Sippe mit Großeltern und Eltern sind. Sie leben seit Generationen von der Subsistenzwirtschaft mit zwei Kühen und Hühnern und einer provisorischen Zisterne, die den periodischen Wassermangel während der Trockenzeiten überbrücken hilft.

Die Nacht meldet sich an. Nicht in Form einer Schnecke, wo die Dämmerung stundenlang die Dunkelheit einläutet. Sondern als Zug, wie er in den Tropen üblich ist und in den Ländern der inneren Tropen zum Schnellzug wird. Der üppige Sternenhimmel bricht über uns ein. Fasziniert betrachten wir das Geschwader von Glühinsekten, welche als leuchtende Grußbotschafter wie winzige Fackeln über unseren Köpfen schwirren.

Frühmorgens brechen wir auf. Der Marsch durch den stark degradierten Regenwald ist wie ein Tanz auf dem Matsch. Regen hat die Oberfläche des Pfades in eine glitschige Masse verwandelt, wo, insbesondere in steilen Bereichen, das Vorwärtskommen zum Abenteuer wird.

Wir suchen Schutz an einer Hütte. Der dunkelhäutige Mann ist in einer schwierigen Lage. Er hat sich beim Bäume fällen am Bein verletzt und kann sein Feld nicht bestellen. Er wohnt hier mit seinen kleinen Töchtern. Die Frau hat die Familie verlassen. Einer seiner Überlebensbäume ist die Orange, die hier, wie andere Zitrusgewächse, durch bereits früheres Kultivieren örtlich üppig gedeiht.

Am oberen Stammende einer alten Roystonia-Palme, unterhalb der Blattzone, wird fleißig gebaut. Kleinere, erdfarbene Vögel sind es, die gemeinsam ein Riesennest mit einer Vielzahl von winzigen Eingängen bauen. „Todus dominicus", Nationalvogel in den 1980-er Jahren. Die geschäftigen Tierchen erinnern an die etwas größeren Webervögel, die zuweilen am Rande von verlandenden Seen ihre kugelförmigen Nester in die Gehölzkronen hängen.

Der Wald stockt örtlich auf den von Meereskalken gebildeten, viellöchrigen Felsen, die nur schwach von einer Humusschicht bedeckt sind. Ein dicht verschlungenes Pflanzengewirr unter dem Dach von großen Bäumen schafft hier ein Treibhausklima, bewahrt den Regen vor der erosionsauslösenden Gewalt, wie sie nicht selten an gehölzlosen Ackerflächen zu beobachten ist.

Die Sonne erreicht den Zenit. Der Marsch ist lang und schwer. Unser Führer Sergio findet immer wieder einen stärker ausgetretenen Pfad mit deutlichen Hufspuren, die von Maultieren stammen. Die Rastperioden werden kürzer, weil das Ziel - das Urwalddorf Pilancon - noch weit ist und ein Vorwärtskommen in der Nacht mühsam und gefährlich wäre. Daher wollen wir das Dorf noch vor der Dämmerung erreichen.

Endlich kommen wir an, müde und hungrig. Es regnet, wie schon so oft zuvor. Wir stehen knöcheltief im Schlamm. Dem Dorf wurde noch nicht der Segen des Fortschritts in Form von Pflastersteinen und elektrischem Strom beschert. Petroleumlampen aus ausgedienten Blechdosen spenden ihr bescheidenes Licht, und der nächtliche, des Weges unkundige Wanderer hat es schwer, seinen Weg zu finden. Die provisorisch wirkenden Holzbaracken sind mit Palmblättern gedeckt. Nur jene, die nicht von den Träumen und Sehnsüchten ferner Zivilisationen mit ihren verführerischen Sirenentönen heimgesucht wurden, können den hier täglichen Hammerschlag von Arbeit und Entbehrung ertragen.

Der Wind trägt einen Duft von Kulinarischem zu unseren Nasen. Neben einem Colmado steht eine vierschrötige Frau, die in zwei großen rundlichen Eisentöpfen rührt, die über der glühenden Holzkohle auf Steinen ruhen. Eine selbstgebaute Tranfunzel wirft geisterhaft Licht auf die Umstehenden, die mit glänzenden Augen der Zeremonie beiwohnen. Man lässt sich Zeit. Hier auf Essen warten heißt, den Magen ärgern. Da bietet es sich schon an, dem nahe gelegenen Colmado, von dessen Regalen ein paar Rumflaschen grinsen, einen Besuch abzustatten.

Dort geht es zu wie in einem Taubenschlag. Man kauft „en detail". Eine Büchse Reis aus dem Sack, dazu einen Löffel Tomatenmark aus der großen Blechdose. Oder auch einen schnapsgroßen Becher voll Öl. Oft sind es Kinder, welche die Einkäufe tätigen. Wer kein Geld hat, wird in einen abgegriffenen Schreibblock eingetragen, der seitenweise mit Namen angefüllt ist. Armut setzt Schranken und frisst sich hier wie ein Krebsgeschwür durch alle Lebensbereiche.

Sie ist Verkäuferin und Unterhalterin zugleich, die Seniora hinter dem Tresen. Sie bedient schnell und lachend, singt Lieder, verkauft auch mal ein Schmerz- oder Grippemittel und schwört auf seine Wirkung. Sie heißt Ibelisa. Wir essen. Der leere Magen akzeptiert dankbar den angebotenen Reis.

Und dann werden wir Zeuge eines ungewöhnlichen Vorganges: Zug um Zug kommen Trupps von beladenen Maultieren aus dem Innern der baumentseelten Bergmassive. Es sind hunderte von lebenden Transportmaschinen. Sie strömen wie ein Blutschwall aus den Lebensadern dieses sterbenden Urwaldgebietes. Wellenweise treffen die Maultierkarawanen, beladen mit der „Yautia", der Kolochsia-Knolle, ein. Wie überlange Ketten ziehen sie über die dunklen Hügel und strömen zum Dorf, das in einem fast kreisrunden Talkessel liegt. Einem sich in kurzen Zeitintervallen wiederholendem Blutstrom ähnlich, der aus den gepeinigten Adern der ehemals artenreichen Bergwaldlandschaft herauszischt.

Schwitzende Menschenleiber, meist dunkelfarbiger als die braunen Mulis, laden emsig die Beute von ihren geduldig leidenden Lasttieren. Der volle Mond beleuchtet als riesige Lampe dieses makabre Schauspiel. Dann hört man Motorengeräusche. Große Transportfahrzeuge der Militärs kommen. Ein gewaltiger Konvoi von einem Dutzend Lastwagen, die emsig beladen werden. Dann setzt sich der Konvoi in Bewegung. Der Spuk ist vorbei. Für heute.

In der schlaflosen Nacht versucht das Gehirn, das unwirklich erscheinende Geschehen zu verknüpfen. Die Militärs sind der Regierung unterstellt. Also kommt die Anweisung der Zerstörung zu Gunsten des Anbaus der Kolochasia-Knolle von allerhöchster politischer Ebene. Die Ausführenden sind nur billige Werkzeuge. Man holzt, ohne Rücksicht auf die hier einmalige Fauna und Flora, das Gebiet ab, um eine fragwürdige industrielle Landwirtschaft zu etablieren.

Wie jeder Tropenlandwirt weiß, ist diese Form von landwirtschaftlichem Anbau zeitlich begrenzt. Nach nur wenigen Nachfolgekulturen geht die Ertragskurve unwiederbringlich nach unten. Urwaldböden in den feuchten Tropen verlieren in kürzester Zeit ihre natürliche Bodenfruchtbarkeit. Wenn in den Regenzeiten die durch Brandrodung entstandene mineralische Asche zusammen mit dem Oberboden abgespült wird, entstehen irreversible Erosionsschäden, die durch Sonne und periodische Austrocknung noch verstärkt werden. So entsteht ein Teufelskreis, in dem immer weitere Gebiete abgeholzt werden müssen, um anpflanzen und ernten zu können. Brandrodung ist wirtschaftlich nicht nachhaltig und zerstörerisch.

Leidenschaftlich krähende Hähne verkünden ihr Halleluja in den frühen Morgenstunden, als wir unsere Zelte abbrechen. Vorwärts, wir müssen zurück. Irgendwann hat uns die Zivilisation wieder. Natürlich hat das Abenteuer in Los Haitises gedanklich tiefe Spuren hinterlassen, die immer bleiben werden. Aber die Reisen des Botanikers in andere Gebiete wirken ablenkend. Und das notwendige Konzentrieren auf das Neue lässt Vergangenes verblassen. Manchmal ist das gut so.

Bis zwei Jahre später im Landwirtschaftsministerium eine Konferenz stattfand, an der auch unser Chef Emilio teilnahm. Er schwieg längere Zeit über dieses Ereignis. Dann, anlässlich einer mehrtägigen internationalen Tagung in Monte Cristi im Nordosten des Landes packte er in der von Rum und Tanz geschwängerten Ausklangnacht aus. Dabei stellte sich heraus, dass es die staatseigene Landwirtschaftsbank war, die Kredite an die Subsistenz-Bauern im Nationalpark vergab, um den Anbau der Kolochasien-Knolle zu fördern. Als Exportkultur nach Nordamerika, was hier schon in früheren Jahren praktiziert wurde. Aber niemals im Kerngebiet. Die stärkehaltige Kolochasie als Mehl für das Andicken von Soßen um den Preis der Zerstörung einer einmaligen Naturlandschaft.

Da die Erträge jedoch naturgemäß zunehmend rückläufig waren, stellte man die Kredite ein. Die Zeit der Tagelöhne im Park war vorüber. Aber es kam noch doller: Die höchste politische Instanz erinnerte sich, dass es sich bei Los Haitises, man höre und staune, um ein durch Dekret des Jahres 1966 geschütztes Gebiet handele. Darauf, wir schreiben das Jahr 1989, verwies man alle Bewohner des Parks. Mit Bulldozern des Militärs wurden die Dörfer Trepadora alta und Pilancon zerstört. In vierundzwanzig Stunden hatte das Militär ganze Arbeit geleistet. Den Bewohnern wurden Ansiedlungsmöglichkeiten in anderen Zonen angeboten. Die Presse berichtete fleißig darüber. Der Mohr hat seine Schuldigkeit getan, der Mohr kann gehen. Wenn man den Verstand bei manchen Ereignissen nicht verliert, dann hat man keinen. Lessings „Emilia Galotti" steigt grinsend in das Bewusstsein.

Im ländlichen Bereich hat man neue Siedlungen geschaffen, mit fest gefügten Häusern und kleinen Parzellen, wo man die Urwaldbewohner unterbringen wollte. Zunächst versorgt mit wöchentlichen Esspaketen. Irgendwo im Nordwesten des Landes hat man ein größeres Sumpfgebiet ausgesucht, welches die neu Angesiedelten urbar machen sollten. Ein im Ansatz sinnloses Unterfangen und zweifelhaft unterstützt mit technisch orientiertem Beratungsmanagement einer deutschen Entwicklungsgesellschaft.

Dass solch ein Ansatz zum Scheitern verurteilt ist, braucht hier nicht diskutiert zu werden. Es ist so, als hätte man der hier vor Jahrhunderten lebenden Urbevölkerung, den Tainos, die vor Kolumbus Zeiten in Harmonie mit ihrer natürlichen Umgebung gelebt haben, abrupt eine andere Lebensweise aufgezwungen. Aber das eigentlich Kriminelle ist ja, dass man mit staatlichen Krediten einfache Familien geködert hat, eine für den Export bestimmte Monokultur zu Lasten einer Naturzerstörung gewaltigsten Ausmaßes zu missbrauchen. Das ist der Kern dieser unglaublich anmutenden Geschichte. Unvorstellbar, was hier abgelaufen ist und welche politische und korrupte Verflechtungen, nicht nur auf nationaler Ebene, hier gewirkt haben.

Das Geschehen hat viele Familien auseinandergerissen und unglücklich gemacht. Aber die Zeit vernarbt manche Wunde. Und inzwischen hat sich die Subkultur mit ihren meist schwarzen Menschen, die seit Generationen im Park aufgewachsen sind und überlebt haben, dort wieder eingeschlichen. Das heißt, viele sind, wo sie gelebt und sich heimatlich gefühlt haben, wieder zurückgekehrt. Weil sie nicht anders konnten.

Das hier Beschriebene ist nur einer von zahlreichen, mehr und mehr zu beobachtenden Vorgängen, die unterhalb der so malerischen Fassade in diesem Lande geschehen. Die Umwandlung einst naturnaher Zonen in quadratkilometergroße Ölpalmflächen und zahlreicher anderer Exportkulturen; die Zerstörung von Flüssen und Dünen durch Raubbau in Form von Kies- und Sandentnahmen sowie ein ungezügelter Eingriff in Küstenregionen durch Hotelbau für den Massentourismus verändern in negativer Weise die einst vielfältige ökologische Struktur des Landes. Ihre unbekannten und nicht greifbaren Dirigenten und Profiteure leben in Elfenbeintürmen rund um den Globus und heben und senken Schnüre, an denen höchste Politiker und Militärs, Juristen und Wirtschaftskapitäne wie Marionetten bewegt werden. Sie suchen ihre Pfründe da, wo gewachsene Vorkommen entsprechend vorhanden sind. Und ihre zahllosen Ordner und Diener sorgen für den reibungslosen Ablauf der einzelnen Aktionen mit dem Ziel gewinnorientierter Geschäfte. Zu Lasten der natürlichen Ressourcen, deren Schwund langfristig nur Einöde und zunehmende Armut bewirken kann.

Gedanken an so manche Politiker und andere ....

Da stolzieren sie, die Guten, die es schon immer waren, mit dem allesverstehenden Blick,
dem Imponier- und Macher-Gehabe; mit dem von Blenderweiß blitzenden Westen,
fassadengeschmückt mit Orden und Titeln und dem weit klaffenden Unterkiefer.

Oberrattenscharf geladen wie Maschinengewehre bersten fast die Hals- und Kopfpartien.
Hochgestapelt mit strotzenden Worthülsenmagazinen, die breitgestreut hinausgeschleudert
werden, dann, wenn sich das Kinn bewegt und durch das off'ne Scheunentor
der Schwall der Phrasen sintflutartig Deine Ohren quält.

Sie wirken wie glänzende Fassaden, diese chronischen Alles- und Besserwisser,
wie Affen mit Denkerbrillen und Rockschößen. Diese vom Himmel gefallenen Meister;
Artisten der Schwadronier- und Grunzkünste sabbern Dich in Gründe und Böden.

Sie wohnen in Palästen und schwafeln leidenschaftlich vom Recht des Menschen
in dieser Welt.
Im Handel mit Früchten, Panzern und Kanonen ziehen sie in Diplomatenmanier ihre Fäden
und zahlen den Wein mit Bestechungsgeld.

Kann man die Lügenflut noch zählen, die uns die Lust am Steuernzahlen nimmt;
und wen, zum Donner, kann man noch wählen, von denen täglich mehr und mehr
am Sterben uns'rer Lebensquellen schuldig sind?

Mit der Fähre von San Pedro de Macoris nach Puerto Rico

Wir als damalige Entwicklungshelfer waren in den 1980-er Jahren oft in Puerto Rico. Dort hatten wir unsere Konten auf den amerikanischen Banken eröffnet, da der internationale Zahlungsverkehr auf Hispaniola nicht immer funktionierte. Die im Osten der Dominikanischen Republik liegende Insel ist nicht nur eines der zahlreichen Drehkreuze für pflanzliche Rauschmittel; sie bildet auch den Zugang zu der karibischen Zauberwelt der Kleinen Antillen mit ihren prächtigen, aus Korallen oder Vulkanismus geborenen Inseln, die auch ein illustres Freiland-Lexikon für die Sklaven- und Kolonialgeschichte darstellen. Ein sehr unrühmliches Kapitel der europäischen und amerikanischen Vergangenheit. Anhand der mitunter unterschiedlichen Verwaltungssprachen auf sehr kleinem Raum kann man auf die damaligen Besatzer schließen, wo England mit seinem Admiral Nelson des 18. Jahrhunderts eine herausragende Rolle spielte.

Wir, meine Freundin Adalhiza und ich, befinden uns in einem der gepflegten Billard-Säle im Norden von Santo Domingo. Am 28. August 1988. Einige verwandeln das ansonst sportliche Spiel in ein Glücksspiel und zocken. Dabei geht es nicht selten weit mehr als um den Gegenwert einer guten Flasche Rum. Ein übergroßer Bildschirm überträgt einen Düsenjäger-Kunstflug im amerikanischen Ramstein bei Kaiserslautern, wo ein italienischer Pilot meint, das Nadelöhr zwischen zwei anderen Flugzeugen durchdringen zu können. Es kommt zu einem Zusammenstoß.

Dieses Wochenende wollen wir in Puerto Rico mit seiner malerischen Altstadt und dem Botanischen Garten verbringen. Auch sind die Überzüge der Billardtische dort samtiger, und die Kreide für die Spitzen der Stoß-Gegenstände, auch die Kugeln, sind von wesentlich besserer Qualität.

Gegen acht Uhr spätabends brechen wir auf und marschieren zum Busbahnhof, wo die Menschentransportmaschinen in Richtung San Pedro de Macoris fahren und wo die Fähre nach Puerto Rico auf uns warten wird.

San Pedro de Macoris ist eine der großen Städte des Landes mit einer bewegten Geschichte, wo das Bittere am Zucker vergangener Epochen in makabrer Weise zu vergleichen war mit manchen Daten der Börse in der heutigen Zeit: des einen Freud ist des anderen Leid. Aktien lassen bei Aktionären mitunter die Sektkorken knallen, während über die andere Seite Hunger und Verderben ausgeschüttet werden. Der Zucker bringt Wohlstand. Aber der gebeutelte Rücken des Arbeiters in der Hölle der Hochgras-Dschungel damals fand nur eine Erlösung aus der täglichen Qual: den Tod.

Der Malecon zieht in den Abendstunden viele Menschen an, die ihr Wochenende an den Strandbars verbringen. Wir genießen, wie „Lambi", die große Meeresschnecke, von Koch Ernesto in einer besonderen Weise zubereitet wird. In einer einfachen, frisch zubereiteten Mayonnaise. Echte Kulinarier dieser Welt wissen, dass Mayonnaisen nicht selten in unsäglicher Weise unter Zugabe umstrittener Geschmacksstoffe zubereitet werden. Nicht so bei Ernesto. Er nimmt Eier und Öl, würzt mit zahlreichen lokalen Kräutern und flambiert die zart geköchelte und fein geschnetzelte Fleischmasse mit einem hochprozentigen Rum.

Wir betreten die Fähre. Ein Ungetüm von Schiff, das Hunderte von Fahrzeugen aufnehmen kann. Vielen Geschäftsleuten, die mit ihren Autos hüben und drüben unterwegs sind, ist diese Fähre eine wichtige Brücke zu ihren wirtschaftlichen Pfründen.

Das Nadelöhr des Transfers zwischen dem dominikanischen Festland und Puerto Rico bildet eine unhöfliche Brille, die von einer ebenso resoluten wie übergewichtigen, amerikanisch sprechenden Frau getragen wird. Sie fragt nach dem Grund der Einreise nach Puerto Rico. Wir antworten höflich mit dem Begriff „holiday". Das Wochenend-Visum meiner Freundin verschwindet in einem Tunnel und taucht erst nach geraumer Zeit wieder auf. Puerto Rico ist zwar nicht amerikanisch, aber es ist dennoch amerikanisch. Genauso wie die Dominikanische Republik, was nicht nur die militärische Präsenz betrifft. Oder wie ein Ort in der Nähe von Kaiserslautern.

Die Nacht verläuft angenehm. Auf der Fähre gibt es für den geldbeutelmageren Touristen keine Kabine oder sonstigen Schnickschnack. Wir passieren die nächtliche Lichterflut von La Romana, einem östlich von San Pedro gelegenen Touristenort für Betuchte und erahnen die Nähe der Insel Saona.

Im Morgengrauen erreichen wir Mayaquez an der Westküste von Puerto Rico. Ganz in der Nähe landen auch des öfteren illegal ankommende Boote von meist jungen Dominikanern an, die sich hier eine bessere Zukunft erhoffen. Die meisten werden bereits vor ihrem Anlanden von der Küstenwache geortet. Puerto Rico hat ein mit Satelliten gestütztes Küsten-Überwachungssystem. Nicht wenige bezahlen mit ihrem Leben, wenn unterwegs der Motor streikt oder das Boot kentert. Aber viele Menschen betrachten die Überfahrt als Chance ihres Lebens, in Hoffnung auf eine bessere Zukunft. Sie setzen alles auf eine Karte und hoffen auf den Gewinn. Schließlich hat es früher Einer aus ihrem Dorf geschafft. Und was der kann, können andere auch. Mutter Hoffnung stirbt zuletzt. Aber eine Anmerkung sei dazu erlaubt: die wirklich Armen sind nicht unter den Bootsinsassen. Ihnen fehlt das Geld für die von Schleppern angebotene Reise.

Wir mieten ein Auto, nachdem wir uns auf einer Bank mit Dollarnoten versorgt haben. Wer hier Geld hat, kann gut reisen. Wir nehmen die südliche Küstenstraße bis Ponce, um danach in Richtung Norden in die Berge zu fahren. Dort gibt es einen gut ausgebauten Höhenweg als Panorama-Strecke, die örtlich einen Blick beiderseits auf das Meer erlaubt. Unterwegs haben wir eine Reifenpanne. Während des Radwechsels gesellt sich ein älterer Herr zu uns. Ein freundlicher Amerikaner, der hier seinen Lebensabend weitab von städtischem Getöse verbringt. Er lädt uns zu sich ein. Sein Personal kümmert sich um den schadhaften Reifen, während wir im Garten bei Kaffee und Whisky sitzen. Sein Sohn dient in Heidelberg im amerikanischen Hauptquartier.

Gegen Abend erreichen wir San Juan, die Hauptstadt von Puerto Rico. Wir parken in der Altstadt und schlendern zum Hafen, wo die großen, weißfarbenen Touristenschiffe einlaufen. Ohne Schlepper, wie man sie im Hamburger Hafen vielleicht heute noch kennt. Ausgestattet mit seitlich angebrachten Bug- und Heckmotoren. Dann entsteigt ein Strom von meist älteren Touristen den Schiffen, der sich in die Altstadt mit ihren zahlreichen Läden ergießt.

An der Kulisse, welche die geschichtsträchtige Altstadtmauer zur Hafenzone bildet, hat sich ein Malkünstler mit einer genialen Geschäftsidee niedergelassen. Er hat mit seinem auffallend muskulösen Adjutanten bereits zahlreiche Leinwände teilbemalt, bevor die Touristenflut sich wie eine Welle über die Naturstein-Quader der engen Straßen ergießt. Bevorzugtes Thema seiner Malkünste sind die Stadtmauer mit ihren nach außen gerichteten Erkern mit den Schießscharten im nächtlichen, mit Sternen und größeren Planeten übersäten Himmel. Seine Arbeitsgeräte bestehen aus Gläsern und Tassen unterschiedlicher Größen. Dazu ein Arsenal farbiger Sprühdosen mit Acryl und Tüchern. Und einer Palette von mischfähigen Farben und Pinseln. Er kümmert sich nicht um die zunehmende Menschenmenge, die neugierig sein Werk betrachtet. Er arbeitet emsig und schnell wie die benachbarten Pizza-Bäcker. Unter seinen flinken Händen verwandelt sich ein zunächst undefinierbares Farbengemisch, teilweise mit Tüchern abgedeckt, in ein bewundernswertes Werk. Zur Darstellung von größeren Himmelskörpern verwendet er das Rund der Gläser unterschiedlicher Größe. Für die Altstadtmauer zaubert er Schablonen aus seinem Rucksack. Und kurz, bevor er das Gemälde zum Kauf anbietet, greift er in eine Büchse. Mit der anderen Hand deckt er den irdischen Teil des Werkes mit einem Tuch ab und streut, so wie der Sämann über den Acker läuft, feine, goldfarbene Partikel in das nächtliche Firmament, verwandelt es vor den großen Augen der raunenden Schaulustigen in einen von Sternen übersäten Zauberhimmel.

Der Maler arbeitet unermüdlich. Innerhalb von einer Stunde hat er mindestens ein Dutzend Bilder verkauft, jeweils für dreistellige Summen. Sein Adjutant ist vor allem Kassierer und Leibwächter. Beides ist wichtig für so ein Geschäft.

Bevor wir zu unserem Hotel gehen, betreten wir ein palastartig errichtetes Gebäude, das sich aus einem einzigen, großdimensionierten Raum mit zahlreichen Unterteilungen darstellt. Das Zentrum besteht aus Billardtischen mit unterschiedlichen Spielvariationen. Daneben gibt es eine ausladende Theke und eine riesige Leinwand, wo man live Nachrichten aus Amerika verfolgen kann. Die ganze Nacht. Später tritt dort eine singende Tänzergruppe auf, dessen Hauptakteur Jahrzehnte später als „King of Pope" in die Musikgeschichte eingehen wird.

Unser nächtliches Essen weist den untrüglichen Burger-King-Charakter auf. Solche Einrichtungen sind praktisch für den Frühaufsteher. Ab sechs Uhr morgens, wo das Leben außer den fröhlich pfeifenden Amseln nur langsam erwacht, erwarten sie freundlich den Kunden, der mit einem guten Kaffee und auch mehr wohlgelaunt den Tag beginnen kann. Vielleicht ist unter dem bedienenden Personal auch eine Dominikanerin, die ihren Traum mittels der riskanten Überfahrt hier realisiert hat. - Wirklich?- Das Leben hier ist nicht einfach, auch wenn es in baren Dollars bezahlt wird. Und ihre einstige Figur, die einer schmalhüftigen Tänzerin, hat sich wohl bald in die eines gewichtigen Kleiderschranks verwandelt. Erstaunlich, wie bestimmte Essgewohnheiten sich auf den Körper auswirken können.

Morgen werden wir den üppigen Botanischen Garten besuchen. Und irgendwann mit einem einmotorigen Inselhüpfer nach Osten fliegen und eintauchen in die Zauberwelt der Kleinen Antillen. Es warten noch viele Abenteuer auf uns.

Teil III
Perlen des Landesinnern

Der Verfasser widmet sich hier vor allem der Erforschung der feuchten Urwälder der Nordkordillere. Hier verbrachte er mehrere Jahre. Seine besondere Aufmerksamkeit galt zunehmend der Baumart Cyrilla racemiflora. Erst gegen Abschluss der umfangreichen Feldarbeiten sickerte mehr und mehr die Erkenntnis durch, dass im Schatten dieser sehr langlebigen Baumart generationsweise der übrige Baumbestand in seiner hohen Artendiversität heranwächst, altert und wieder verschwindet, während die Nachkommenschaft von Cyrilla nicht den Hauch einer Überlebensmöglichkeit in Form von jungem Aufwuchs erlangt. Es sei denn, dass eine gewaltige Naturkatastrophe auftritt...

Ein Besuch der Zentralkordillere mit seinen üppigen Kiefernwäldern gipfelt in der Besteigung des Pico Duarte, des höchsten Berges der Karibik. Nach der eingehenden Betrachtung der fruchtbaren Ebene von San Juan zwischen zwei Gebirgszonen wird die Pflanzenwelt des Rio Ocoa näher untersucht sowie ein Agro-Forst-Projekt bei Jimenoa entwickelt.

Erforschung der Feucht- und Regenwälder der Nordkordillere

Nur kurze Vorbemerkungen: Den Fuß in entlegene, örtlich unzugängliche, bergige und kalte Feuchtwaldzonen der wilden Nordkordillere zu lenken, ist meist nur Umständen geschuldet, denen man normalerweise lieber aus dem Wege geht. Zu groß sind die körperlichen Strapazen, zu verführerisch die Alternativen in küstennahen Zonen mit ihren warmen, reizvollen Landstrichen und lebensfrohen Menschen. Und so siegt meist das schwache Fleisch über den willigen Geist. Aber zuweilen, meist unverhofft, treten Ereignisse wie ungebetene Gäste in die Tagesordnung und bringen deren Abläufe durcheinander.

So geschehen im August des Jahres 1989. Im Büro einer der Regierung nicht angeschlossenen Organisation in der Küstenstadt Nagua, wo ich mehrere Jahre tätig war, steht ein junger dominikanischer Journalist. Er präsentiert eine Nachricht, die uns aufhorchen lässt. Danach liegt dem Forstministerium ein inzwischen genehmigter Antrag auf Abholzung eines Feuchtwaldgebietes in der Nordkordillere vor, mit dem Ziel einer Wiederaufforstung. Mehr als seltsam. Nach Recherchen, die nur mit Hilfe von Insidern möglich waren, wurde man fündig. Den Antrag stellte eine unbekannte Institution, die sich „Finca Dona Regina" nannte. Danach sollte es sich um ein Aufforstungsprogramm handeln, wo Zehntausende von Sämlingen eines in Australien endemischen Baumes der Gattung Acacia mangium aufgeforstet werden sollten.

Diese Art wurde im Raum Cotui (zwischen Santo Domingo und San Francisco de Macoris) schon in verschiedenen Feldversuchen größerflächig angepflanzt und erwies sich durchaus als erfolgreich. Der schnelle Wuchs und das vor allem für Möbelbauer recht ansprechende harte Holz mit seinen ungewöhnlichen Farbvariationen gefiel. Warum aber ausgerechnet ein noch intaktes Feuchtwaldgebiet für das geplante Unternehmen ausgesucht werden sollte, erschien merkwürdig. Erinnerungen wurden wach. Sie führten in den Raum Oviedo, einem vergessenen Nest in der Nähe der Laguna de Oviedo im Südwesten des Landes. Dort sollte ein gewaltiges Projekt über tropische Obstplantagen die Landwirtschaft revolutionieren. Dabei wollten die beiden amerikanischen Schiffe nur ihre Ladung in Form hoch konzentrierter Fäkalien loswerden.

Es ist eine Stunde vor der Morgendämmerung. Aus einem Haus in Nagua kommen vier Männer in für niedrigere Temperaturen angepasster Kleidung und steigen, beladen mit Kochgeschirr und Zelt, in und auf einen Geländewagen. Darunter ein ortskundiger, älterer Forstarbeiter in Uniform mit einem noch älteren Gewehr. Wir verlassen die Stadt in Richtung Francisco de Macoris, biegen in Höhe von Los Pajones nach Westen ab und folgen der Piste, die in der Nähe des Rio Nagua verläuft. Irgendwo steigen wir aus. In der Morgendämmerung finden wir einen Pfad, der nach oben in die Wildnis der Nordkordillere führt. Wir beneiden den Älteren mit seinem Gewehr. Seine Last ist nur ein Bruchteil dessen, was wir zu tragen haben. Aber er kennt die Gegend, führt und sichert uns.

Wir überqueren einen kleinen Bach. Es regnet, als wir in die Feuchtwaldzone eindringen. Nach einem mehrstündigen Marsch nach oben erreichen wir eine Lichtung. Etwas Ungewöhnliches in einem Wald, der durch den Charakter geschlossener Baumkronen gekennzeichnet ist und wo nur indirektes, gedämpftes Licht den Boden erreicht. So gering, dass eine Kraut- oder Strauchschicht auf dem Waldboden nicht möglich ist.

Aber es ist keine Lichtung, wie sie gelegentlich durch Sturmwinde entsteht. Was wir hier sehen, ist ein von Menschen gemachtes Bild von Verwüstung: Baumriesen wie auf dem mit

Bromeliengewächsen übersäten Waldboden dahingestreckte Leichen. Zerfetzte Baumkronen. Spuren von Äxten in Form von Spänen. Eine gespenstische Situation, verstärkt durch eine ungewöhnliche Stille, die verdächtig, beängstigend wirkt angesichts eines frevelhaften Tatbestandes, der in dieser Form keineswegs genehmigt wurde.

Danach treffen wir noch mehrmals auf solche „Lichtungen", die von ihren Akteuren offensichtlich überstürzt verlassen wurden. Schließlich stellen wir das Zelt auf, das uns vor dem aufkommenden nächtlichen Regen schützen soll. Bald brutzelt ein eintopfartiges Gericht auf dem Feuer, das den Magen füllt und uns innerlich wärmt. Uns wird klar, dass die Baumfäller durch ein ausgeklügeltes Alarmsystem vorgewarnt wurden. Und offensichtlich war es die Präsenz unseres forstuniformierten und bewaffneten Freundes, der diese Menschen in die Flucht geschlagen hat. Und der auch Wert darauf legt, uns mit seinen nächtlichen Rundgängen um das Zelt zu schützen.

Mit einer mitgeführten Videokamera dokumentieren wir das Ganze für die dominikanische Presse. Der Film wird in einem Fernsehstudio in Santo Domingo am Samstag nach unserer unmittelbaren Rückkehr aufbereitet und bereits am Sonntag ausgestrahlt. Don Camillo, der damalige örtliche Forstdirektor, wird daraufhin suspendiert. Das beantragte Projekt wird nicht genehmigt.

Die verhältnismäßig kurzen, aber tiefen Eindrücke, welche dieser Besuch für einen Botaniker hinterließ, weckten wissenschaftliche Neugierde und reges Interesse, immer tiefer in dieses einmalige Freilandlaboratorium einzudringen, um wenigstens einen Teil seiner Geheimnisse zu entlocken. Verbunden auch mit dem Wunsch, einen Beitrag zu einem Schutzstatus dieser Region zu leisten. Die nachfolgenden Ausführungen sollen den geneigten Leser einladen, mit auf die Reise in die wilde Nordkordillere zu gehen.

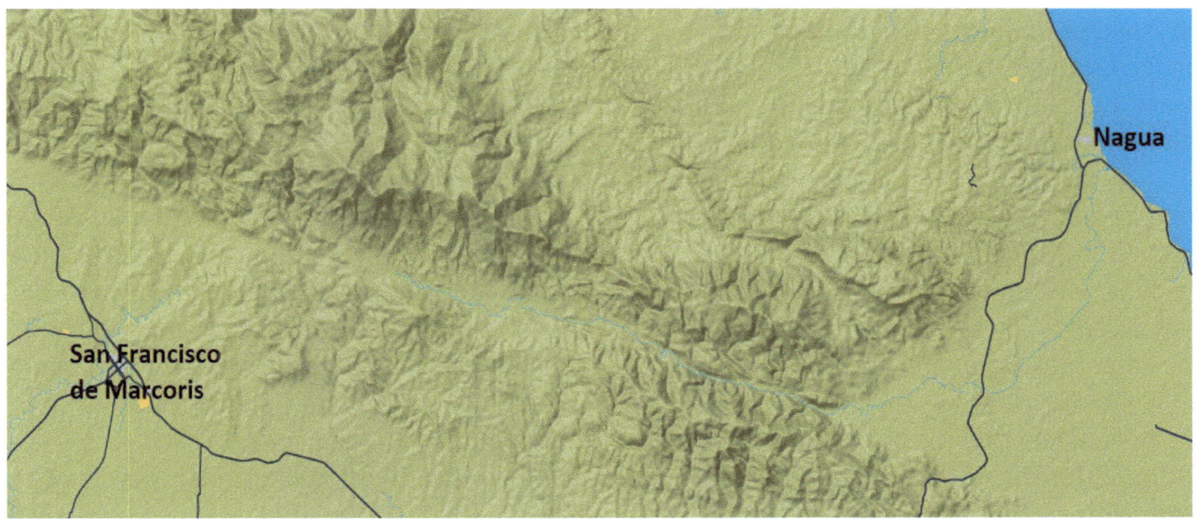

Die Cordillera Septentrional (Nordkordillere), eines von vielen Kapiteln der Urwaldforschung, gelegen zwischen den Städtern Nagua und San Francisco de Macoris

Zur örtlichen Orientierung soll zunächst ein Blick auf die geographische Lage geworfen werden: Die Naturwaldzonen erstrecken sich über die „Cordillera Septentrional" (Nordkordillere), einer im Norden des Landes gelegenen Gebirgskette. Sie beginnt weit südöstlich des Tafelberges Monte Morro bei Monte Cristi im Nordwesten und endet mit zahlreichen Unterbrechungen südwestlich von Nagua. Die Teilbereiche Loma Guaconejo, Nähe Nagua, und Loma Canella bei San Francisco de Macoris wurden wissenschaftlich näher untersucht. Die Ergebnisse liegen der Universität Bielefeld vor. Um in diese entlegenen Gebiete einzudringen, sollte man vorher umfangreiche Reisevorbereitungen treffen.

Leben und Überleben im Regenwald

Die Artenvielfalt der Gehölze des Regenwaldes ist im Verhältnis zu unseren mitteleuropäischen Wäldern und Waldgesellschaften extrem hoch. Ein jeder, der das Privileg hat, sie zu besuchen, fühlt wie der damals junge Alexander von Humboldt, der, fasziniert von den vorher nie erforschten Arten, wie ein entzücktes Kind von Baum zu Baum lief, erkennend, dass jedes Individuum nicht selten eine andere Art ist, oft einer völlig anderen Pflanzenfamilie zugehört.

Die Faszination, die ein Landschaftselement wie der Regenwald auf uns ausübt, ist nicht nur aus seiner Artenfülle zu erklären. Es ist vielmehr ein Mosaik von Eindrücken, das gleichzeitig auf uns einwirkt, und wo wir genügend Zeit brauchen, um alles verarbeiten zu können. Das Ergebnis einer nur einstündigen Exkursion besteht aus einer überwältigenden Vielzahl von Einzelbeobachtungen von Gehölzpersönlichkeiten, die sich, in der jeweiligen Anpassung an die örtliche Situation, in immer wieder neuen Wuchsformen und Einnischungsvariationen zeigt. Natürlich kostet es Überwindung, den mühsamen und entbehrungsreichen Gang zu bisher nahezu unzugänglichen Zonen anzutreten. Sie liegen weit außerhalb der zivilisierten Welt mit ihren vielfältigen Möglichkeiten eines bequemen Lebens. Und schon nach wenigen Tagen in diesem Milieu mit seinen eigenen Gesetzen ist man so erschöpft, dass man mit Lust den Abstieg in die Zivilisation antritt und sich an ihren angenehmen Seiten labt. So lange, bis wieder Lust und wissenschaftliche Neugier so herangewachsen sind, dass man den Aufstieg, immer und immer wieder, von Neuem wagt. Natürlich ausgerüstet mit dem notwendigen technischen Material und Lebensmitteln.

Der Regenwald ist ein sehr dynamisches Ökosystem. Und seine morphologische Beschreibung kann nur im Sinne einer Momentaufnahme betrachtet werden. Ändern sich beispielsweise die Lichtverhältnisse in der bodennahen Vegetationsschicht, was in Zeiten der Herbststürme durch Kronenbrüche durchaus möglich ist, so erwacht die im Boden schlummernde Samenbank, die nicht selten jahrzehntelang nur darauf wartete, einen Impuls zur Keimung zu erheischen. Das im Boden verharrende Leben wartet auf den Tod der über ihm waltenden Baumkrone. Ein jeder Baumriese, der zu Boden fällt, ist ein Lichtstrahl der Hoffnung für die nächste Generation. Dabei entsteht ein gewaltiges Konkurrenzgebaren unter den einzelnen aufwachsenden Arten.

Es ist wie beim Pferderennen. Der ganze Tross des in der Samenbank des Oberbodens schlummernden pflanzlichen Lebens erwacht und setzt sich in Bewegung. Aber nur wenige erreichen das Ziel, die Höhenschicht der Baumkronen. Hier allen voran Didymopanax morotonii aus der Familie der Araliengewächse. Ein schlanker, dünnschäftiger Baum, der es eilig hat, zum Kronenraum der Konkurrenz zu gelangen. Jedoch schafft er es nicht immer.

Schnellwuchs und Dünnschäftigkeit können durchaus bewirken, dass das Bäumchen, bevor es den Kronenschluss des etablierten Bestandes erreicht, sich aufgrund der Schwerkraft nach unten neigt. Und so infolge zu geringen Lichtgenusses elendlich verhungert. Aufwuchs-Chancen haben daneben jene Arten, die eine stärkere Schattentoleranz aufweisen. Ein Beispiel dafür ist Ocotea leucoxylon, ein Lorbeergewächs, das als einzige Baumart im Gebiet von Guaconejo Wurzelschösslinge bilden kann. Dieser stattliche Baum ist zwar langsam wachsend, jedoch schattentolerant, und seine Ausläufer können bei erhöhtem Lichtgenuss irgendwann die Wuchsreise nach oben antreten.

Nicht selten nistet sich ein Baumwürger epiphytisch im Stammbereich eines Wirtsbaumes ein, dessen Wuchs- und Einnischungsverhalten sehr eigenartig ist: Clusia rosea aus der Familie der Clusiaceae. Es handelt sich im adulten Stadium um einen Hemi-Epiphyten. Diese Wuchsformengruppe ist als Übergangsform zwischen Lianen und echten Epihyten zu betrachten.

Der klebrige, für Waldtiere wohl nicht immer verdaubare Samen gelangt in irgendeiner Weise in die Astgabel bzw. Rinde eines Trägerbaumes. Dort keimt er und bildet Würzelchen aus, die nach unten streben. Hat sich das Pflänzlein zu hoch in einer Astgabel etabliert, so schafft es aufgrund schwindender Reserven nicht, in der Erde anzudocken, und die Pflanze verendet. Im günstigeren Falle erreicht die Luftwurzel den Boden. Die Keimblätter entwickeln sich, und die Jungpflanze strebt nach oben. Im Laufe der langsamen Entwicklung bilden sich, wie bei Ficus-Arten, immer mehr Luftwurzeln mit Lentizellen, die jedoch nicht nur direkt nach unten drängen, sondern sich wie ein Lasso um Äste und Stamm des Wirtsbaumes wickeln. In der maximalen Entwicklung sind diese Wurzeln aufgrund des zunehmenden sekundären Dickenwachstums oberschenkelmächtig. Und zwar in unterbayrischer, auch westafrikanischer Gutsfrauenform. Die Krone des Baumwürgers hat inzwischen die des Trägers überwachsen. Ein gespenstisches Bild, das den Gigantenkampf zwischen Riesenkalmar mit seinen Fangarmen und einem adulten Pottwal in zweitausend Metern Meerestiefe assoziiert. Und es ist nur eine Frage der Zeit, dass der Wirtsbaum buchstäblich abgewürgt und durch zunehmenden Lichtmangel so geschwächt wird, dass er schließlich mit seinem Peiniger zusammenbricht.

Einmal begegnete ich einem senilen Clusia-Individuum, das sich nach einem Sturz aus der oberen Etage des Urwald-Kronenraumes unten wieder aufgerafft hatte und sich wie ein geläuterter Greis auf Stämmen und Astpartien benachbarter Bäume aufstützte, um noch einmal zum Kronenraum zu gelangen. In einer Wuchsform, die man unmöglich in unsere Vorstellungs-Schatulle zwischen mächtiger Liane oder Baum hineinpressen kann. Es wäre förderlich, wenn man Nadelholz-Förstern mitteleuropäischer „Wälder" eine Bildungsreise in solchen Zonen gönnen würde. Angesichts des überwältigenden Wuchsform-Katalogs der unterschiedlichen Baumpersönlichkeiten mit ihren geheimen wurzelspezifischen Beziehungen zu anderen Arten würden sie nie mehr um die goldenen Kälber der Nadelbaumindustrie mit der implizierten Bodenversauerung, der Anfälligkeit zu Krankheiten und dem Niedergang der natürlichen Bodenfruchtbarkeit herumtanzen.

Über eine ähnliche Methode, einen Wirtsbaum zu besetzen und schließlich zu überwachsen, verfügen so genannte Würgefeigen. Die in der DNA festgelegte Strategie der Würgefeige besteht in der buchstäblichen Umarmung des Wirtes mit Luftwurzeln, um zunächst Halt zu finden. Diese breiten sich im Zuge des sekundären Dickenwachstums zunehmend flächig über den Stamm des Wirtsbaumes aus, strangulieren ihn und hemmen ihn an seiner Vitalität. Sein absterbendes Stammgewebe wird mehr und mehr vom Besatzer in Beschlag genommen. Alte

Zeitzeugen berichten noch von den einst dramatischen Anfangsstadien; der Enkel blickt nur noch auf einen inzwischen stattlichen Gummibaum. Was mit dem anderen geschah, kann er nur erahnen.

Die meisten Gummibaumarten bilden Luftwurzeln, die hundertfach von Ästen und Stamm herunterhängen. Aber sie würgen nicht. In der Stadt Santo Domingo kann man eine Ficus-Art in der Touristenstraße „Conde" beobachten. Der Platz der uralten Kathedrale mit dem Kolumbus-Denkmal ist umgarnt von Ficus religiosa, einer in Ostasien endemischen Art, die in der indischen Kultur als heiliger Baum gepriesen wird. Ihre zum großen Teil mit dem Stamm verwachsenden Luftwurzeln – es sind Zehntausende - haben zu imponierenden Stamm-Umfängen beigetragen.

Aber auch zahlreiche andere Wuchs- und Lebensformen weisen einen überraschend hohen Erfindungsgeist auf. Man entdeckt in Baumkronen wachsende Kleinbäume, Sträucher und Farne; Bromeliengewächse, die ihre Trichterform aufgeben und, wie Bartflechten in skandinavischen Wäldern, in den Ästen hängen: Tillandsia usneoides. Seltener trifft man auf grüne, horstförmige Büschel mit fleischigen, in Astgabeln hängenden Trieben, die man nur aufgrund der Trichterblüte als Kaktusgewächs identifizieren kann: Rhipsalis bacchifera. Unter den zahlreichen Orchideen, die gewöhnlich auf Ästen aufsitzen, fällt eine nicht selten vorkommende Art als grünfarbene Liane auf: Vanilla wrigthii. Blüten oder Schoten wurden nicht gesichtet.

Sie alle nutzen den Baum als Trägerpflanze, weil sie sich gemäß ihrer Lichtansprüche nicht auf dem dunklen Waldboden etablieren können. Örtlich bilden sie dichte, aus dicken Moosbeständen herausragende, nicht selten tonnenschwere Lebensgemeinschaften im Stammbereich und in der unteren Krone eines einzigen Trägerbaumes.

Von Nagua zum Loma Guaconejo: Eine beschwerliche Reise

Los geht's in den mittelfrühen Morgenstunden. In Nagua habe ich mich bei einer betagten Witwe eingenistet, deren verflossener Mann Chauffeur des einstigen Diktators namens Trujillo war. Der schwere, aus Stahlblech geformte Wagen steht im Hinterhof ihres üppigen Anwesens und erinnert an jene amerikanische Limousinen, wie man sie im kubanischen Havanna heute noch bewundern kann.

Betagte Witwen. Gäbe sie es nicht, so wäre die Gesellschaft der Dominikaner schon längst zusammengebrochen. Sie als lebendiger Kitt in den Familien fungieren als Ausgleich zwischen den Streitigkeiten innerhalb der Familienmitglieder. Sie ziehen die Enkel groß, weil die Mütter nicht selten im Joch der täglichen Arbeit stehen, um das für den Haushalt notwendige Geld sauer zu verdienen, weil viele Männer ihren Beruf nach der Eheschließung eher in Macho-Manier als stolze Teilnehmer an Hahnenkämpfen oder Domino-Spielen betrachten, die sehr zeitaufwändig sind und so manche Flasche Rum kosten. Witwen füllen die Gebetsräume der zahlreichen katholischen Kirchen und beten für das Seelenheil ihrer verstorbenen Männer. Sie organisieren sich in örtlichen, sozialen Verbänden und bilden Landfrauen-Gemeinschaften. Witwen. Gäbe sie es nicht, so stände es schlecht um die dominikanische Gesellschaft.

Fahrt von Nagua in Richtung Alto del Rancho. Westlich davon liegt das Untersuchungsgebiet des Loma Guaconejo als Teil der Gebirgskette der Cordillera Septentrional

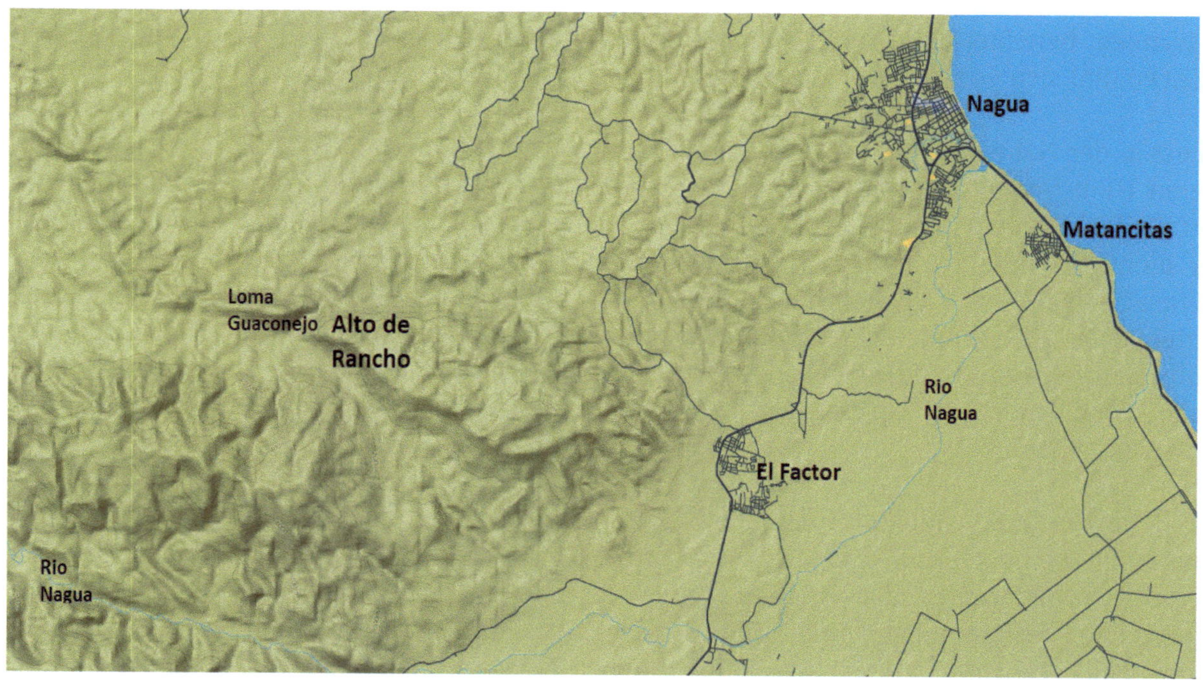

Mit dem vierrädrigen Buschtaxi geht es zunächst in Richtung El Factor und endet nach einer halben Stunde in Höhe des Rio Nagua mit seinen fruchtbaren Reis-Ebenen. Weiter geht es mit einem zweirädrigen Motoconcho. Die wenige Kilometer lange, nach Westen orientierte Fahrt endet vor einem Colmado. Nach kurzer Einkehr bei der betagten Dona Leona beginnt der mühsame Aufstieg, zunächst begleitet vom Rio Helechal, dessen klares Wasser örtlich in kleine Seitenkanäle geleitet wird, die zur Bewässerung von landwirtschaftlich genutzten Flächen dienen. Der Pfad durchstreift sieben zum Teil tief eingefurchte Schluchten, die nicht immer trockenen Fußes zu durchmessen sind. Wilde Gebüschzonen wechseln ab mit subsistenzlandwirtschaftlich genutzten Flächen, die örtlich auch mit Kakao- und Kaffeepflanzungen bestückt sind. Der Brotbaum ist häufig, während der stolze Mango eher im Bereich ausgedehnter Weideflächen anzutreffen ist, die mit zunehmender Höhe dominieren. Wir befinden uns im Grenzgebiet zwischen einer alteingesessenen Landbevölkerung mit ihrer traditionellen Landwirtschaft und Großgrundbesitzern, deren ausgedehnte Weideflächen - ehemals Feuchtwaldgebiete - von besitzlosen Campesinos unterhalten werden. Sie arbeiten als Erntehelfer und Cowboys und haben als Gegenleistung Wohnmöglichkeit und Randzonen für den Eigenanbau.

Mindestens zweimal im Jahr werden größere Pfade mit fleißigen Machetenschlägen freigehalten. Dann treffen sich die Männer der umliegenden Behausungen zur Arbeit. Dies ist unerlässlich, weil intakte Pfade wichtige Verbindungen sind zu den Straßen in den unteren Bereichen. Pfade als Transportwege, auf denen Esel oder Maultier Säcke mit Straucherbsen, Kaffee oder Kakao zu den Straßen tragen, wo Zwischenhändler mit Lastwagen die wertvolle Fracht in die hungrigen Städte weitertransportieren.

Im Bereich beweideter Zonen kann man ein zwergstrauchartiges Mimosengewächs in der Größe einer adulten Preiselbeerpflanze beobachten: Mimosa pudica. Beim Vorbeistreifen ziehen sich die filigranen Fiederblättchen zusammen und sinken spontan nach unten, dann folgt auch der Stängel. Fachleute meinen, dass es sich hier um eine Schutzfunktion handelt, die vor Fressfeinden schützen soll. Beim Berühren wird bei dem Pflänzlein ein Reiz ausgelöst, der den Druck des Zellsaftes auf die Zellwand beeinflusst. In afrikanischen Savannen berichtet man von baumartigen Mimosengewächsen, die Toxine mobilisieren können, um sich vor der Fressgier von Elefanten zu schützen.

Ganz in der Nähe, unter dem Schatten von Hochgräsern, kommt eine blaublütige Iris-Art vor, deren Blüh-Verhalten wohl einmalig ist. Morphologisch gleicht sie unserer heimischen Iris germanica. Und wenn ich es nicht mit eigenen Augen gesehen hätte, mehrmals, so könnte ich es nicht für möglich halten: Wenn die Blühknospen entsprechend entwickelt sind und aufbrechen, öffnen sich die Blüten des gesamten Bestandes. So, als würden die Pflanzen miteinander kommunizieren. Vom Moment des Aufbrechens der Blüte bis zu ihrer vollständigen Entfaltung vergehen nicht mehr als zehn Sekunden. Eine unglaublich starke energetische Leistung, die der Verfasser in dieser Weise sonst nie an einer Blütenpflanze gesehen und erlebt hat.

Willkommen in der Subkultur der Campesinos! Wer in diesen wilden Hügelzonen überleben muss, hat keine Option auf eine Alternative. Armut und Entbehrung sind das Los der Familien. Nur wenige der Älteren können lesen oder schreiben. Viele sind kurz- oder weitsichtig, besitzen aber keine Brille. Es gibt offiziell zwar eine Schulpflicht für Kinder. Aber welcher Lehrer will in dieser unwirtlichen Gegend unterrichten? Hier gibt es weder Ärzte noch Rechtsanwälte. Laienpriester überziehen sonntags ihre Arbeitskleider mit einem weißen Rock und lesen Texte aus der Bibel. Ältere Frauen nutzen ihre seit Generationen überlieferten Heilpflanzenkenntnisse und lindern so manches Leiden. Der tägliche Speisezettel ist karg: die abendliche Hauptmahlzeit besteht aus „Platanos", aus Kochbananen. Manchmal gibt es Reis mit „Manteca", Schweineschmalz. Hühnerfleisch gibt es selten, auch weil der Mungo hier vorkommt. Bei besonderen Anlässen gibt es einen „Salcocho", einen Fleischeintopf mit Feldfrüchten aus dem großen halbrunden Eisentopf, der dampfend auf drei Steinen ruht, wenn das Holzfeuer brennt.

Übergewichtige Menschen gibt es hier selten. Der Campesino wirkt in der Regel drahtig, zäh und untersetzt. Im Alter, schon ab fünfzig Jahren, plagen ihn altersabnutzungsbedingte Schmerzen, vor allem Rückenprobleme. Maultiere und Esel haben keine Stoßdämpfer.

Der Mungo. Das aus dem indischen Raum stammende Tier wurde während der Kolonialzeit auf vielen karibischen Inseln ausgesetzt und vermehrte sich rasant. Die Herrschaften hatten wohl Angst vor bösen Schlangen. Insbesondere in den Abendstunden kann man diesen marderähnlichen Jäger beobachten. Mittlerweile hat er sich auf Vogeleier und deren Produzenten spezialisiert.

Einmal löste ich mich spät aus dem Colmado von Dona Leona. Ich musste mich beeilen, um noch vor Nachteinbruch zu meinem Quartier am Urwaldrand zu gelangen. Ausgerechnet an diesem Tag verstellten zwei bärtige Gestalten den Weg und fragten, ob ich oben Gold suchen würde. Ich zeigte ihnen mein Gepäck, das vor allem aus Nudeln, Reis, Schreibzeug und ein paar Kleidungsstücken bestand. Endlich durfte ich weiterziehen. Plötzlich kam die Nacht. Den letzten Kilometer musste ich mich Schritt für Schritt vortasten und kam so sehr spät an meinem Nachtquartier an.

Dort, in einem Holzhaus, wohnt eine kleine Familie. Berto, Maria und die zehnjährige Tochter Carmen. Mein Schlafplatz ist der Fußboden in der Sala, ausgestattet mit Iso-Matte, Wolldecke und Moskitonetz. Die Nächte sind kühl. Manchmal gesellen sich noch andere Gestalten hierher, um die Nacht zu verbringen: Mäuse und Ratten. Bisweilen ziehen diese putzigen Tierchen auch Schlangen und Vogelspinnen an. Und nur das Wissen, dass diese Nachtbegleiter harmlos sind, lässt einen ruhig schlafen. Mitunter kommt Lehrer Nury mit seinem stolzen Pferd nach oben. Ein Mann von kleiner, drahtiger Gestalt, einfühlsam und intelligent. Er erscheint dann, wenn die Yamsknolle auf seinem Conuco erntereif ist. Dann unterrichtet er auch die sehr lernfreudigen Kinder der Umgebung, welche die kurze Zeit, in der ein Lehrer anwesend ist, gerne nutzen.

Einmal tauchte eine langwüchsige, knöcherne und bärtige Gestalt auf, mitten in der Nacht. Sie und der Lehrer kannten sich offenbar gut und unterhielten sich angeregt bis zum Morgengrauen. Der Lange verfiel zunehmend in eine für meine Ohren seltsame Erzählform, und es dauerte lange, bis ich begriff, dass es sich um Reime handelte, die jedoch nicht in Versfüßen deutscher Poeten gefasst wurden. Es waren eher poetisierte Geschichten aus dem Leben eines menschenähnlichen Wesens, das von wundersamen Dingen aus der Natur und ihrer Erhabenheit erzählt. Manchmal waren die Vorträge kurz, andere dauerten fast eine Viertelstunde. Und immer wieder bedankte sich der Lehrer mit begeistertem Händeklatschen. Angespannt hörte auch ich zu; versuchte, aus der Geschwindigkeit seiner Worte wenigstens den Sinn des Rezitierten zu entlocken.

Später erzählte mir Nury, dass es sich um einen Waldmenschen handele, um den es viele, auch böse Gerüchte gab, die von Gefängnisausbruch bis Mord erzählten, von denen er aber nicht das Geringste hielt, weil dieses Wesen die Zivilisation mied und sich ausschließlich von den Früchten des Waldes und seinen Gewässern ernährte. Und weil er über ein unerschöpfliches Repertoire tiefsinnigster Erkenntnisse aus dem Reich der Natur verfügte, die nur eine Seele hervorbringen kann, die so rein und so klar wäre wie das Wasser aus dem Bett des Helechal. Man nennt ihn den „Honigsammler von Guaconejo". Ein Grenzgänger zwischen der Subkultur der Besitzlosen, die den Großgrundbesitzern verdingt sind und der menschenfeindlichen Welt der Regenwälder. Er beherrscht die Kunst der Imkerei und lockt wilde Bienen in selbstgebauten Holzbehältern an, die er kunstvoll in die Kronen von Bäumen hängt. Mit Reusen fängt er Kleinfische und Krebse. In der Stille der Waldlandschaften schöpft er seine Verse, die er als Hymnen an die Leichtigkeit des Lebens in seiner Seele speichert.

Aber gegen Gerüchte kann man sich nicht wehren. Sie werden wie Pfeile auf Körper von Menschen abgeschossen, welche in ein von einer bürgerlichen Gesellschaft entworfenes Korsett nicht hineinpassen und die schließlich aus ihrem bisherigen sozialen Umfeld hinausgedrängt werden.

Von einem ähnlichen, „horrorbärtigen Unhold", der in einer primitiven Waldhütte im weiter westlich gelegenen Loma Quita Espuela haust, in der Nähe von San Francisco de Macoris, berichten zwei Studentinnen der Uni Bielefeld, die bei ihm Herberge fanden, um eine Diplomarbeit über die dort verbreiteten Regenwälder zu schreiben: Gabriele und Julia. Ihre Ergebnisse weisen darauf hin, dass ein signifikanter Teil der von ihnen untersuchten Baumarten homogen über die gesamte Cordillere verteilt sind. Allerdings mit einem zusätzlichen Aspekt, was den Jung-Aufwuchs von Cyrilla betrifft: Am Rande der so genannten „Kakao-Straße" gibt es eine durch den Straßenbau bedingte Erosionsfläche, wo sich ein etwa 100 Meter langer Seitenbereich mit diesem Jungwuchs in unterschiedlichen Entwicklungsstadien angesiedelt hat. Ein damals kaum beachteter Umstand, der später ein äußerst wichtiger Mosaikstein über die Überlebensstrategie dieser außergewöhnlichen Baumart bilden sollte...

Kehren wir zurück zum Randgebiet des Loma Guaconejo. Draußen, in der separaten Küche, bereitet Maria den Kaffee in den frühen Morgenstunden. Die in einer Pfanne gerösteten Bohnen werden in einem Mörser pulverisiert und in einem löchrigen Damenstrumpf mit heißem Wasser überbrüht, gefiltert und in einer Blechtasse gereicht. Ohne Kaffee geht niemand aus dem Haus. Dann kommt Pedro, mein Waldbegleiter. Er wohnt mit seiner jungen Familie in der Nähe einer nicht mehr genutzten Gummibaum-Plantage. Bald brechen wir auf. Wir durchstreifen eine extensiv genutzte Weide für Maultiere und sehen in der Ferne die dichten Baumkronen des Regenwaldes.

Nachdem wir das Kerbtal mit dem Wildbach Helechal durchquert haben, befinden wir uns alsbald auf dem Weg in ein bisher unbekanntes Gebiet. Dieses Kerbtal bildet die Grenze zwischen den Ausläufern der Zivilisation und einem unberührten Regenwaldgebiet. Gäbe es diese extreme Barriere nicht - im Zusammenspiel mit der wilden Reliefenergie des gesamten Geländes und der periodischen Urgewalt der Gebirgsbäche mit ihren zahlreichen Wasserfällen - der Regenwald wäre längst verschwunden.

Ja, es sind die geomorphologisch bedingten, natürlichen Grenzen, die den Bau von Straßen als Einfallstor für die Erschließung bisher unzugänglicher Zonen verhindern. Dazu kommen faunistische Wächter wie wilde Bienen, Wespen und Stechmücken. Sie alle sind für den Schutz heute noch naturnaher Gebiete wirksamer als nationale Institutionen mit ihren verwaltenden, mitunter korrupten Charakteren und tragen bis heute federführend zur weitgehenden Unversehrtheit bei.

Wer jemals den Fuß in noch intakte tropische Wälder gesetzt hat, fühlt sich zunächst erschlagen von der ungewohnten floristischen Vielfalt der Gewächse, die in mitteleuropäischen Waldgesellschaften nicht ihresgleichen finden. Man fühlt spontan eine enge Seelenverwandtschaft mit dem damals jungen Abenteurer Alexander von Humboldt, als er in Südamerika zum ersten Mal seinen Fuß in den Regenwald lenkte; wo er taumelnden Schrittes von einem Urwaldriesen zum anderen lief und erkannte, dass fast jedes Individuum einer anderen Art, gar einer anderen Familie angehörte. Eine tiefe Erkenntnis, die viele andere Forscher später mit ihm teilten. Und wenn Neugierde, Faszination, mit Abenteuerlust angereicherter Forscherdrang wie ein Drogentrank in Geist und Seele drängen, dann reift das Begehren, immer wieder hineinzutauchen in diese stille Welt, die sich wie ein riesiges Freilandmuseum präsentiert mit unerschöpflichem Inventar heute noch unbekannter Arten, Familien und Wuchsformen unterschiedlicher Generationen auf engem Raum. Neben schnellwüchsigen und oft ebenso kurzlebigen Vertretern wie einige Aralien-Arten stehen Baumpersönlichkeiten, die, weit vor dem Anlanden der spanischen Schiffe von Kolumbus, die Urbevölkerung - Tainos - unter ihrem Schatten generationsweise beherbergten. Und nicht nur Augen und Sinne quellen über; der Verstand registriert, dass im Boden eine unsichtbare Samenbank liegt, deren Existenz wie ein großes Buch, wie ein mit gewaltigen Schätzen beladenes Museum als Speicher für Wissenschaft und Forschung von größter Bedeutung ist. Der tropische Regenwald ist die zarte Seele der Welt, dessen Zerstörung durch Menschenhand Messwert ist für den moralischen Niedergang der zivilisierten Menschheit. Intakte Wälder sind stolzes Welterbe, das von Generation zu Generation erhalten werden sollte, erhalten werden muss. Wo stehen wir heute?

Ein wahrhaft dunkler, denkwürdiger Tag

Pedro und ich sind nunmehr auf dem Weg in ein bisher unbekanntes Gebiet. Nach einem einstündigen Marsch erreichen wir eine Bergkuppe und machen Rast. Jeder labt sich an einer Büchse mit Sardinen „Made in Germany", die ich regelmäßig als Reiseproviant in einem Einkaufsladen in Nagua besorge. Der Fisch in Tomatensoße schmeckt vorzüglich, trotz seines mehr als zehn Jahre zurückliegenden Verfalldatums. Während unserer Mahlzeit stellen wir fest, dass gelegentlich hellfarbene Blüten aus einer zwanzig Meter hohen, mächtigen Krone herausfallen. Diese geben wertvolle Hinweise auf Art, Spezies und Familie. Botaniker wie Ricardo vom Herbariums des Botanischen Gartens in Santo Domingo, die mein Projekt wissenschaftlich begleiten, werden die Art später bestimmen. Der mächtige Stamm gleicht einer uralten Eiche, gleichmäßig gewachsen, versehen mit einer übermächtigen Krone. Ein Wonneproppen aus der Sicht jener Förster, die den Wert eines Baumes in der Anzahl gesägter Bretter definieren, und wo in den Wunschgedanken die ewig singenden Wälder in den Himmel wachsen. Eine wundersame Vorstellung so mancher, die im Wachstum keine Grenzen sehen.

Wir erreichen ein Gebiet mit einem hohen Anteil von Altbäumen. Pedro kennt zahlreiche Arten mit den Volksnamen, die nicht selten indianischen Ursprungs sind. Überhaupt ist der Wissensstand über Pflanzen bei der heimischen Landbevölkerung erstaunlich hoch, auch, was ihre Verwendung als Heilpflanzen betrifft. Für heute ist geplant, eine Zone von 400 Quadratmetern Fläche mit einer roten Maurerschnur abzugrenzen und die größeren Bäume mit einer nummerierten Plakette zu versehen. Nach getaner Arbeit entschuldigt sich Pedro wegen einer familiären Angelegenheit, und er geht zurück. Es ist etwa vier Uhr nachmittags. Kein Problem, denke ich, und fange an, eine Liste für die einzelnen Gehölze anzulegen und diese, entsprechend bestimmter Kriterien, im Rahmen einer geplanten Dissertation zu vermessen und zu beschreiben.

Eine Stunde später verdunkelt sich der Himmel, was man aufgrund des Kronendaches zwar weniger sehen, aber durchaus erahnen kann. Der ohnehin bescheidene Lichtwert in der Bodenschicht sinkt merkbar ab. Bald wirken die Stämme schemenhaft, als ob Nebelschwaden wie dunkle Schleier zunehmend die Sicht erschwerten. Dann durchzucken Blitze die Baumkronen, unmittelbar gefolgt von Donner. Starkregen prasselt auf das Kronendach, das nunmehr von böigen Winden hin- und hergeschüttelt wird. In dieser beklemmenden, nicht ganz ungefährlichen Situation erlebt man instinktiv eine fast unkontrollierbare Fülle emotionaler Sensationen, die zum Glück nicht nur von Angst oder Panik dirigiert werden. Diese gelangen zwar für Augenblicke zur Dominanz, werden jedoch bald von rationalen Gedanken zurückgedrängt. Natürlich nur dann, wenn keine Verletzung durch umstürzende Gehölze oder herunterprasselndes Geäst erfolgt. Und so erteilt das Gehirn den Befehl, so schnell wie möglich zurückzukehren, eingedenk der Tatsache, dass in Bälde die nur kurze Dämmerung und danach die Nacht einbrechen wird.

Aber Wege in der Dunkelheit werden nicht vom Auge bestimmt, sondern vom Fuß. Er tastet sich nach vorn. Geht es nach unten, so schwenkt er seine Richtung, um wieder nach oben zu gelangen. Eine Gratwanderung in der Dunkelheit, mühsam und langsam. Und auch gefährlich. Örtlich tritt der Fels an die Oberfläche, dessen Umgehung tagsüber keine Mühe bereitet, nachts aber gefährlich ist. Größere Äste, Kronenteile decken örtlich den Boden. Geräusche von brechenden Ästen vermischen sich mit dem Gesang böiger Winde. Ich verharre längere Zeit an der Wand eines überhängenden Felsens, dessen stattliches Gepräge wie ein gewaltiges

Schutzschild wirkt. Nur langsam kehrt eine innere Ruhe ein und bändigt, ordnet die Gedankenflut im Kopf.

Und so reift der Entschluss, zum Fluss El Tren zu gelangen. Er begrenzt den nördlichen Teil der Hügelzone, auf der ich mich befinde und mündet in seinem späteren Verlauf in den Helechal. Vielleicht kann man an der Uferzone in Fließrichtung entlang gehen, um nach Hause zu kommen. Ich taste mich mit kleinen Schritten vorsichtig nach unten und folge dem Rauschen des Fließgewässers, das ich alsbald erreiche. Regen und Gewitter haben inzwischen nachgelassen, und bisweilen dringt ein Sternenlicht durch das Blätterdach wie ein Gruß aus einer außerirdischen Sphäre, die aber so wohltuend vertraut erscheint und Trost und Hoffnung spendet. Aber der Fluss ist inzwischen angeschwollen. Seine üppige, örtlich von Baumfarnen begleitete Ufervegetation verdeckt die Tücken der steilen Böschung. Bevor ich es erahnen kann, rutsche ich aus, purzle nach unten und lande kopfüber im Fluss. Ich höre ein lautes Zischen, das von den am Gewässergrund sich reibenden Kieselsteinen herrührt und strebe zur Wasseroberfläche. Silbrig glänzt die auf die zahlreichen Felsbrocken aufprallende Gischt. Ich versuche, die Beine nach vorn zu bewegen, um die edleren Körperteile vor dem Kontakt mit dem Gestein zu schützen. Einem Baumstamm gleich, bin ich dem Wellengetöse ausgesetzt und nur noch von einem starken Willen beseelt, das rettende Ufer zu erreichen.

Dass dabei sämtliche Utensilien, darunter Kamera, der von Bruder Klaus ausgeborgte Winkelmesser, Kompass, Diktiergerät, wertvolles Herbarmaterial und ein einst in Finnland erworbenes Fischmesser verloren gingen, muss hier unbedingt Erwähnung finden. In den auch Jahre späteren, mindestens tausend Kompensationsträumen konnte ich die Lokalität der einzelnen Gegenstände aufspüren. Und Wunsch und Wille, alles wiederzufinden, wird ein lebenslanger Begleiter sein.

An einer Flussbiegung schaffe ich es endlich. Die Natur hat hier einen samtweichen Teppich krautiger, von der Uferböschung herunterhängender Pflanzen geschaffen, in deren Filz ich mit vollen Händen hineingreife und dem schäumenden Bade entsteige. Tradeskantien aus der Familie der Commelinaceae als zarte Retter. Hier leben sie frei in ihrer natürlichen Umgebung. Ganze Büschel werden bisweilen von wilden Wassern abgerissen, landen an ruhigeren Bereichen wieder an, um sich dort neu zu etablieren. Ein wildes Leben in Freiheit, nicht zu vergleichen mit dem, was in engen und nicht selten trockenen Blumentöpfen mitteleuropäischer Hausfrauen mitunter zu betrauern ist.

Ich richte den schmerzenden Körper auf und traue den Augen nicht. Ein Feuerschein, ganz in der Nähe. Und Stimmen, die abrupt verstummen, als ich mich hilfesuchend bemerkbar mache: „Ayudame, soy Geraldo".

Die Männer springen auf und nähern sich. Sie haben den Hilferuf instinktiv verstanden. In diesem Waldkomplex gibt es keine Bedrohung seitens irgendwelcher Lebewesen. Und der böse Räuber sucht sein Opfer eher in der Stadt als in einsamen Wäldern.

Bald sitze ich am Feuer und erzähle mein abenteuerliches Missgeschick. Man teilt sich die Suppe, die angenehm heiß ist und köstlich nach Fisch und Krebsen schmeckt. Wir unterhalten uns. Die Männer wirken schüchtern und neugierig. Sie halten mich für einen Abenteurer, der aus der Zivilisation kommt und hier an den Flüssen nach Gold sucht. Wen wundert's? Es gibt genug Bleichgesichter, die nach Gold suchen. Seit Jahrhunderten.

Danach - es ist Vollmond - begleitet mich einer der Männer zu jenem Punkt, wo sich die Flüsse Helechal und El Tren vereinen. Er ist bärtig, lang und hager. Und es dämmert mir: Es ist der Honigsammler von Guaconejo. Er scheint mich zu kennen und weiß offensichtlich, wo ich wohne. Nach einem längeren Marsch deutet er stumm auf die vom Fluss geformte Steilwand, und ich weiß wieder, wo ich bin. Oben befindet sich die Weide mit den Maultieren. Das Mondlicht ist es, das die wasserbedeckten Teile des Tales in eine silbrige Glitzerwelt verwandelt. Ein kurzer Aufstieg, und bald werde ich meine Behausung erreicht haben. Und dann gewahre ich, verursacht durch den Vollmond, ein seltsames Lichtspiel am Rande eines nahen Gehölzsaumes: ein menschliches Gerippe mit einem hohläugigen Schädel in einem Rollstuhl.

Es gibt Lebensmomente, wo man rechtzeitig den Verstand einschalten muss, um überleben zu können. Ein urplötzliches, unverhofftes Ereignis, das blitzartig in ein Bewusstsein eindringt und die Schlagzahl des Pulses in beängstigende Höhen treibt. So geht es dem Taucher, der jäh von einem Großfisch überrascht wird. Oder dem Wanderer in der afrikanischen Savanne, dem eine galoppierende Büffelherde entgegenkommt. Unverhoffte Ereignisse, die blitzartig in das Gehirn hineinschießen und panische Reaktionen auslösen können.

Aber der Spuk dauert nicht lange, und der Kopf bleibt kühl. Beim Vor- oder Zurückgehen zerfließt das nächtliche Naturgemälde in ein schnödes, indifferentes Licht- und Schattenspiel aus dem Geäst von Baum und Strauch.

Am anderen Tag mache ich mich auf den Weg nach Nagua. Die Erwartung auf gutes Essen und Trinken mildert nur schwach den Schmerz in den Rippen und den Verlust der zahlreichen Utensilien. In solchen Momenten stellt man das gesamte Projekt in Frage. Ist man nicht verrückt, solche Abenteuer zu wagen ohne jeglichen finanziellen Anreiz und dies noch im fortgeschrittenen Alter? Wann will man denn endlich zur Vernunft kommen? Was soll denn noch mehr passieren?

Nach einigen Tagen Erholungspause in Nagua und dem ärztlichen Attestieren zweier angebrochener Rippen, die beim Lachen oder Niesen erhebliche Schmerzen verursachen, wachsen wieder Lust und Neugierde auf den Wald. Es geht einem wie dem Langstreckenläufer. Treten bereits zu Anfang Probleme auf, wird er wohl den Lauf abbrechen. Ahnt er jedoch, dass das Ziel immer näher rückt, wächst auch das Feuer für ein Weitermachen und stärkt die Durchhaltekraft.

Der Tod des Urwaldriesen

Bevor, nach methodisch international gültigen Regeln, eine Bestandsaufnahme eines bisher unbekannten tropischen Waldkomplexes vorgenommen wird, sind zahlreiche Exkursionen notwendig, um sich ein Bild von der allgemeinen Situation machen zu können. Dabei stellt man fest, dass adulte Waldbestände in unterschiedlichen Ausbildungen abwechseln mit Zonen, die von jugendlichen, sekundären, fast undurchdringlichen Aufwüchsen geprägt sind. Diese sind nicht selten linienartig präsent, können aber auch kreisförmig ausgebildet sein und recht unterschiedliche Entwicklungsstadien aufweisen.

Dieses mosaikartige Nebeneinander gibt dem Sukzessionsforscher Aufschlüsse über natürliche Ereignisse vergangener Zeiten. Sie lassen wertvolle Rückschlüsse zu auf Wirbelstürme früherer Epochen. Die Vegetation erzählt, wie, wann und wo sie gewütet haben.

So ein Wald ist wie ein Flickenteppich mit unterschiedlich wirkenden Mustern, erschaffen durch die geniale Technik eines sich im Chaos berauschten, göttlichen Webers.

Der Focus meiner Untersuchungen lag ausschließlich auf Altbeständen. Sie wirken wie große, weit durchschaubare Hallen. Die Bodenzone ist aufgrund der armen Lichtverhältnisse infolge des dichten Kronenschlusses weitgehend vegetationslos. Die meist krautigen Pflanzen haben sich im Bereich der oberen Baumwurzelanläufe bis zu der mittleren Kronenzone epiphytisch angesiedelt und bestehen vor allem aus Vertretern von Moosen, Farn-, Bromelien- und Orchideengewächsen. Praktisch ausgedrückt heißt dies, dass sich die potentielle Bodenvegetation in obere Etagen geflüchtet hat. An Lianen kommen überraschend viele Vertreter unterschiedlicher Familien vor.

Hier dominiert Vanilla spec. , ein Orchideen-Gewächs. Der sich wie eine Stangenbohne windende Stängel ist fingerdick und grünfarbig. Wenn Einheimische von Schlangen im Wald erzählen, so haben sie wohl die Vanilla damit verwechselt.

Pedro und ich sind dabei, die Durchmesser von größeren Bäumen zu vermessen. Der bisher unerforschte, zu untersuchende Bereich ist mit soliden Schnüren abgegrenzt. Der Tag ist grau. Unaufhörlich prasselt der Regen auf die Baumkronen. Wie ein unablässiges Trommelfeuer. Plötzlich hört man ganz in der Nähe ein lautes Knacken. Gespannt blicken wir auf. Dann sehen wir, wie Stamm und Krone eines mächtigen Baumes sich bewegen. Zunächst birst ein Teil der bretterartigen Wurzelanläufe, begleitet von einem Schütteln der schweren Tragäste. Da hilft kein Gegenzug der armdicken Lianen, die wie Schiffstaue den Stamm umarmen. Ihre girlandenförmigen Streben strecken sich und brechen nach unsäglichen Seufzern. Nun neigt sich der Koloss, dessen Äste sich in benachbarten Baumkronen verfangen. Eine zischende Schütte von Wassertropfen, Blättern, Zweigen, Ästen und trichterförmigen Epiphyten fällt in den sumpfigen Boden. Krachendes Splittern von morschem Holz. Ein Durchschütteln betroffener benachbarter Baumkronen ist zu erkennen, sich trotzig den herab sausenden Peitschenhieben des zur Erde Taumelnden stellend. Dann der dumpfe Aufprall, gefolgt von einer gespenstischen Stille. Ein der Poesie Verfallener wird dies selbstverständlich wie folgt rezitieren:

Ein lautes Knacken durchbricht wie eine knallende Peitsche die Stille des Waldes;
dann im Regen, der, unaufhörlich prasselnd
und insbesondere in den sich abkühlenden Nächten
in sturmböigen Schauern sich vom Himmel ergießt, passiert es:
Der Urwaldriese, bewohnt von einer Heerschar
aufsitzender, herabhängender und hinaufschlingender Pflanzen
unterschiedlichster Lebensgemeinschaften, neigt sich.

Seit Jahren hat der ausgehöhlte Stamm, Refugium für Bienen und Fledermäuse,
für Pilze, Ameisen und Termiten seine einstige Festigkeit verloren. Nun ist es soweit.
Zuerst birst der Teil mit den Bretterwurzeln,
begleitet mit einem Schütteln der schweren Tragäste.
Da hilft kein Gegenzug der üppigen Lianen,
die den Stamm und seine Krone umarmen.
Ihre girlandenförmigen Streben strecken sich, brechen nach unsäglichen Seufzern.

Nun beugt sich die Krone und verfängt sich in den Ästen der Nachbarn.
Ein zischender Regen von Zweigen und Blättern,
von Trichterbromelien und krachend reißenden Lianen
begleitet den Fall des sterbenden Riesen,
einst geboren in unzugänglichen, von wirren Nebelfetzen umhüllten
Gebirgslandschaften der Nordkordillere.
Und dann - endlich - der dumpfe Aufprall auf dem sumpfigen Boden.

Der Unglücksbaum mit dem botanischen Namen Sloanea berteriana stammt aus der hier selten auftretenden Familie der Elaeocarpaceae. Der immergrüne, stattliche Baum kommt in den höher gelegenen, kälteren Bergwäldern auch auf anderen Inseln der Karibik vor. Die großen, ovalen Blätter gleichen denen des Kakao-Strauches und geben dem Baum seinen Volksnamen: „Cacaillo". Die sich wie Sandpapier anfühlende Rinde erinnert den Taucher an die Haut des Ammenhais.

Die Graue Eminenz der Nordkordillere ist Cyrilla racemiflora

Um die Überlebensstrategie so mancher Urwaldbaumpersönlichkeiten zu begreifen, bedarf es nicht selten jahrelanger, umfangreicher Untersuchungen verschiedener Standorte. Auch ihr junger Aufwuchs und ihre Vitalität, Samengröße, artspezifische Schattentoleranz und aktueller Lichtfaktor muss Berücksichtigung finden.

Der neugierige Eindringling in diese Welt steht zunächst vor einer Vielzahl von Rätseln. Bei der ersten Begegnung mit Cyrilla stellt er fest, dass es sich um einen ungewöhnlich stattlichen Baumriesen handelt, der oft deutliche Spuren von früheren Verletzungen in Form von Schäden in der Krone aufweist, die offensichtlich von schweren Wirbelstürmen stammen, wie sie in dieser Gegend periodisch vorkommen. Da erkennt man Reste elefantenbeinstarker Äste, oft in der Mitte abgebrochen, jedoch mit deutlich sichtbarer, vitaler Regeneration. Die Tatsache, dass nur diese Baumart solche Sturmschäden aufweist, wurde damals zur Zeit der Untersuchungen nicht wahrgenommen, spielt jedoch im Nachhinein eine signifikante Rolle: Wahrscheinlich wurden die anderen Baumarten ebenso betroffen, hatten aber eine kürzere Lebenszeit. Und ihre Nachkommen wuchsen erst später, im Schatten von Cyrilla, wieder auf.

Die Abundanz dieser Baumart ist in den erforschten Zonen relativ hoch. Bei Untersuchungen hinsichtlich Jungwuchs, der minutiös in bestimmten abgegrenzten Bereichen vorgenommen wurde, stellte man sich schon früh die Frage nach seiner Präsenz, die sich lediglich in einem kümmerlichen Aufwuchs meist im Bereich der Wurzelanläufe der Mutterpflanze zeigte. Der aber selten zu einer Jungpflanze in Höhe eines erwachsenen Steinpilzes heranwuchs, um später zu verschwinden.

Hätten wir im Rahmen einer zweitägigen Begehung mit Kollegen des Botanischen Gartens von Santo Domingo und Abteilungen des Landwirtschaftsministeriums nicht zufällig einen Erdrutsch entdeckt, dessen Lokalität durch Satelliten gestützte Technik positioniert werden konnte, wären wir nie auf das Geheimnis der Überlebensstrategie von Cyrilla gekommen. Aber alles der Reihe nach...

Wir sind inzwischen stundenlang unterwegs. Aus der Flugzeugperspektive betrachtet, bewegen wir uns auf einem Sattel, der in westliche Richtung verläuft. Weit vorne würde man eine große Stadt erkennen: San Francisco de Macoris. Nach kurzer Rast - wir wollen gerade aufbrechen - erkennt Botaniker Ricardo, der sich in der dominikanischen Flora durch das Entdecken zahlreicher Pflanzenarten bereits einen Namen gemacht hat, mehrere kleine, weißfarbene Blüten mit fünfzähligen Blütenblättern auf dem Boden, die er einem stattlichen Baum in der Gestalt einer gut hundertjährigen Eiche zuordnet. Er kennt diese Blüte aus dem Naturpark Los Haitises, wo er damals ein fünf Meter hohes Individuum sichtete. Strauchartige Familienmitglieder anderer Spezies finden sich an Steilhängen rund um den Lago Enriquillo. Den Touristen auf ozeanischen Inseln wurden früher Blütenkränze beim Begrüßungszeremoniell um die Hälse gelegt und werden dort als „Frangipani" bezeichnet. All diese Gewächse werden unter dem botanischen Namen Plumeria aus der Familie der Apocynaceae zusammengefasst. Der Baumgigant wurde später als Plumeria magnum bestimmt. Niemals zuvor hat man jemals ein solch stattliches Exemplar gesehen.

Wenn man als Forscher solchen im Gebiet einmalig vorkommenden Baumriesen begegnet und noch mit einem Blütengruß verwöhnt wird, der den Hinweis gibt auf die Familie, so wächst das Interesse, diese Art im gleichen Areal wieder zu finden. So geht es dem Pilzsammler auf der Suche nach dem Pfifferling. Hat er endlich einen gefunden, dann bleibt er im Areal, vermutend, hoffend, dass es noch viel mehr in dieser Region gibt. Aber nicht immer wird er fündig.

In unserem Falle weiteten wir die Untersuchungsflächen sehr großzügig aus und kamen bis an die Grenzen unserer körperlichen Fähigkeiten. Ohne Erfolg. Ohne Moskitonetz und genügend Proviant kann man nicht einfach übernachten. Der Forscher nimmt es gelassen. Im Mosaik der Urwaldlandschaften führt nicht jeder Weg zum Ziel.

Der Marsch geht weiter. Wir befinden uns mittlerweile in einer Zone, die in der Laufrichtung ohne größere Reliefenergie verläuft, nördlich und südlich jedoch abrupt nach unten führt und dort weiter unten von Wildbächen begrenzt wird. Plötzlich verhindert ein gewaltiger Erdrutsch das Weiterkommen. Ein mehrere Hektar großes Gelände ist dabei betroffen und vier Meter nach unten verfrachtet worden. Aber nicht vor ein paar Stunden. Ein geübter Blick auf den Aufwuchs deutet auf einen bisher nie gesehenen, dichten Bestand von Cyrilla in unterschiedlicher Höhe, der auf eine Jahrzehnte lange Entwicklung schließen lässt. Eine sensationelle Entdeckung, die es bisher noch nie im gesamten Areal der Nordkordillere gegeben hat.

Und nun fügen sich die Mosaike, die sich im Laufe eines knappen Jahrzehnts meiner Untersuchungen angesammelt haben, zu einem Bild: Es beginnt mit dem Bau der „Kakaostraße" Nähe San Francisco de Macoris, die in den Feuchtwald des Loma Canella führt. Eine von Wassererosion geprägte Randzone mit Rohboden ist dort Standort von jungem, überwiegend deutlich gekrümmtem, jedoch standfestem Cyrilla-Aufwuchs. Den zweiten passenden Mosaikstein bildet der Erdrutsch. Durch dieses für die meisten Urwaldarten katastrophale Ereignis wurde die gesamte konkurrierende Samenbank mit dem humosen Oberboden vernichtet, so dass die Gelegenheit für die Ansiedlung von Rohboden-Pionieren wie Cyrilla gekommen ist. Das Auge registriert sechs Meter hohe, dünnschäftige Bestände, die, vergleichbar mit dichten Jungfichtenforsten, einem Selbstauflichtungsprozess unterworfen sind, in deren Konsequenz sich die Stärksten ohne Konkurrenz mit anderen Baumarten, Adlerfarnbeständen oder Bärlapp-Fazien durchsetzen können. Im Zuge der weiteren Sukzession kommen natürlich zunehmend andere Arten hinzu, die jedoch die Existenz von Cyrilla in diesem Stadium nicht mehr gefährden können.

Deuten wir also das aus verschiedenen Fragmenten zusammengesetzte Bild, das die generationenübergreifende Überlebensfähigkeit von Cyrilla zu erklären versucht: Die Art als ein lichtholder, betont langsam wachsender, robuster Rohbodenpionier, der als Jungaufwuchs im Wald keine Chance hat und somit nur überleben kann, wenn Naturkatastrophen wie gewaltige Wirbelstürme mit nachfolgenden tiefgreifenden Erosionsvorgängen eintreten. Und er hat Zeit, viel Zeit, um auf diese zu warten. Nach dem Forscher Peter Weaver vom Forstinstitut auf Puerto Rico, der Altersbestimmungen dieser Art vornahm, kann die Art weit über eintausend Jahre alt werden. Könnten diese altehrwürdigen Baumgreise erzählen, sie würden von den Tainos berichten, die sich generationsweise unter ihrem Schatten, weit vor der Zeit von Kolumbus, ausgeruht haben.

Ja, Cyrilla hat eine besondere, außergewöhnliche Art von Überlebensstrategie. Sie ist eine Zacke in der Krone der Schöpfung, die den Titel „Graue Eminenz unter den Urwaldbäumen der Nordkordillere" verdient.

Reise zum Pico Duarte

Der Pico Duarte bildet mit seinen fast 3100 Meter Höhe „das Dach der Karibik". Er ist die höchste Erhebung in der Zentral-Cordillere und ist, wie die weit entfernte Sierra Baoruco, vorwiegend mit Kiefernwäldern, vor allem mit Pinus occidentalis bedeckt. Der Berg ist Teil eines ausgedehnten Nationalparks. Wer hier länger sein Domizil aufschlagen möchte, sollte einer alpinen Kleinbauernfamilie entstammen, ausgestattet mit Lust zum Wandern und Freude an der Natur mit ihren ausgedehnten Nadelwäldern, frischer Luft und sauberem Wasser.

Es ist der 22. Februar 1985, als eine fünfköpfige Reisegruppe - alles Vertreter des Deutschen Entwicklungsdienstes - in der Kühle des Morgens das Haus von Walter und Marie nahe dem Ort San Jose' de las Matas mit einem geländegängigen Gefährt verlässt, um die Eingangszone des Nationalparks Pico Duarte zu erreichen.

Schwere Nebelbänke verhüllen die nahen Berglandschaften. Farne grüßen von den Steilböschungen, die den von tiefen Erosionsrinnen durchfurchten, holprigen Weg begrenzen. Die sichtlich mühsam vom Bergmassiv abgetrotzte Piste schlängelt sich leicht nach oben. Eine anstrengende, mühsame Fahrt auf schlammigem Untergrund, begrenzt von steil hochschießenden Felstürmen und jäh abfallenden Zonen auf der anderen Seite, wo tief unten, recht hörbar, ein Wildbach rauscht. Die Grenze, wo ein geländegängiges Fahrzeug sich nicht mehr bewegen kann, liegt noch vor uns.

Es regnet, als wir die Eingangszone des Nationalparks erreichen. Hier haben wir zwei Maultiere und den Bergführer Antonio bestellt. Die Mulis sollen unser Gepäck einschließlich Kochgeschirr und Zelt tragen. Ab hier endet die Bequemlichkeit mit dem Auto.

Die neblige Kulisse des schlüpfrigen Pfades ist nur in der näheren Umgebung zu erfassen. Die Nadelbaumart Pinus occidentalis, eine Kiefern-Art, die nur auf Hispaniola endemisch vorkommt, spielt hier die erste Geige. Sie beherrscht große Teile der Zentralkordillere und wird uns auch hier begleiten. Bartflechten hängen von ihren Kronen. Adlerfarn beherrscht örtlich das Erscheinungsbild in dichten Beständen, zusammen mit Erica-Gewächsen.

Der Pico Duarte als Dach der Karibik, gelegen in der Zentral-Kordillere. Die nördliche Erschließungszone führt über den Ort San José de Las Matas. Dort endet die Zivilisation

Stellenweise hat man den Eindruck, sich nicht in einem tropischen Areal zu bewegen, sondern in Waldzonen von Skandinavien. Der Adlerfarn mit dem botanischen Namen Pteridium aquilinum ist ein Kosmopolit, der auch in Mitteleuropa vor allem in azidophilen Buchenwäldern vorkommt. Dort dient er gelegentlich als nächtliches Refugium für Wildschweine.

Der Nadelwald wird lichter und erlaubt einen kläglichen Blick nach unten. Kläglich. Er tastet vergeblich sinngebende Konturen ab, bleibt im Grau der Nebelschleier hängen. Arme Seele. Nie wieder wirst Du Freude am Anblick eines wallenden Morgenrockes in grauer Farbe finden! Nur das geübte Ohr vermag den Blick zu ersetzen. Unten rauscht ein Wildbach, der Rio Bao, dessen wildschäumendes Temperament wir noch so manches Mal auf dieser Reise erleben dürfen.

Wir befinden uns in etwa 1500 Metern Höhe. Die Artenzahl der Holzgewächse ist im Vergleich zu anderen tropischen Waldzonen bemerkenswert gering. Dies hat sicherlich auch mit dem Substrat etwas zu tun. In der Rohhumusauflage der Nadelwälder fühlen sich nur wenige Pflanzenarten wohl. Nicht nur hier.

Wir erreichen eine wellblechbedeckte Hütte mit Hühnern, Kindern und Erwachsenen, die uns zu einem süßen, schwarzen Kaffee einladen. Gerne verweilen wir hier, glücklich über den nicht erwarteten Regenschutz.

Dann brechen wir auf. Wir durchmessen eine dichte, unterholzbestandene Zone mit drei Meter hohen Palmfarnen. Auf einer Anhöhe verweilen wir und blicken hinunter auf einen Wildbach, der sich von weitem wie eine gewundene Perlenschnur präsentiert. Weiß glitzernde Perlen dort, wo das Wasser schäumend sich gegen Felsblöcke wirft. Und dann bleiben wir alle verwundert stehen und betrachten eine gleichermaßen frech wie schüchtern wirkende Pflanze inmitten des Pfades, der von unzähligen Maultierhufen garniert ist. Eine blaue Blume aus der Familie der Boraginaceae. Romantiker vergangener Jahrhunderte preisen sie und begeben sich - Raum um Raum durchschreitend - auf Wanderschaft, um sie zu suchen.

Endlich lösen sich die schweren Nebelbänke auf und erlauben den Blick auf die Steilhänge, die von üppigen Kiefernbeständen eingenommen sind. Ein herrliches Panorama.

Wir durchqueren eine finstere Schlucht. Verändertes Lichtklima, höhere Luftfeuchte, Verdunstungskälte und ein humoser Boden haben hier einen völlig anderen Vegetationstypus geschaffen. Zahlreiche Epiphyten hängen und kleben an Laubbäumen. Auffallend häufig treffen wir auf ein Myrtengewächs mit großen, hellen Pinselblüten. Es handelt sich um Syzygium jambos, ein fünf Meter hoch aufwachsendes, immergrünes, strauchartiges Gehölz, das sich in den absonnigen Einkerbungen regelmäßig eingenistet hat, während die sonnenholde Kiefer hier schüchtern zurückbleibt.

Wir erreichen gegen Abend eine Hütte. Innerhalb einer eingezäunten Weide, in der reichlich die Losung von Maultieren zu bemerken ist, stellen wir die Zelte auf. Bald prasselt ein Feuerchen, auf dem wir unser Kochgeschirr einrichten.

Frühmorgens wälzen wir uns aus unseren Schlafsäcken. Eilig wird gepackt, das Geschirr an der nahen Quelle gewaschen, und dann geht es wieder los. Der Gipfel des Pico Duarte lockt.

Der Marsch durch diesen Abschnitt der Zentralkordillere ist besonders schwer. Steilhänge mit krüppelförmigen Kiefern wechseln ab mit Laubgehölzen in den Schluchten. Die Sonne brennt. Wir erreichen die Uferzone des wild mäandrierenden Rio Bao. Riesige Felsquader trotzen den schnellenden Wassermassen. Übermannshohes China-Schilf und einzelne Gehölze, mit Farnen, Bromelien und Bartflechten epiphytisch üppig bewachsen, bilden das arten- und formenreiche Erscheinungsbild. Wir erfrischen uns in splitternder Nacktheit im schäumenden, prickelnden, kühlen Wasser, dann geht der Marsch weiter. Die Kiefer tritt im Areal des Flusses zurück und erlaubt das Eindringen einer vielartigen Gehölz- und Hochstaudenvegetation, deren Blüten von dunkelgrünen Kolibris besucht werden. Unsere Präsenz scheint sie nicht zu stören. Sie schwirren jedoch so schnell, dass ein Fotografieren unmöglich ist.

Gegen Abend erreichen wir ein Plateau. Pfeifengrasartige Hochgras-Bulten haben sich hier ausgebreitet. Müde, aber zufrieden, erreichen wir eine solide Bretterhütte, und bald kocht ein angenehm riechendes Süppchen, was uns erschöpft gewordene Wanderer erfreut.

Die Nacht ist noch kühler als die vorherige. Wir frühstücken opulent mit Kaffee, Käse und Brot, bevor der letzte Abschnitt zum nahen Gipfel bewältigt werden soll. Die Maultiere bleiben zurück. In diesen Höhenzonen gibt es zwar schüttere Gräser, aber kein Wasser. Die weiter unten noch vital aufkommende Kiefer wird hier zunehmend kleiner und krüppelig und quält sich aus den nackten, humuslosen Gesteinsformationen heraus. Der Wanderer zwischen Tundra und Taiga kennt diese morphologisch sichtbare Verwandlungskunst der Natur, wo Faktoren wie Zunahme von Kälte und Abnahme von Licht den Baum in einen Zwerg verwandeln. Weiße Nebel hängen in den morgendlich noch recht kühlen Bergzonen. Bald werden sie sich auflösen und einen herrlichen Rundblick auf diese wilde Bergwelt erlauben. Bärlappe werden häufiger. In den absonnigen Zonen präsentieren sich Moose und Farne. Ein einzelner, schimpfender Papagei, dem Vorbild europäischer Eichelhäher gleich, erregt sich über uns Eroberer des Gipfels und tut so, als ob wir die ersten wären. Aber vielleicht ärgert er sich, weil wir ihm nichts Essbares mitgebracht haben.

Frühmorgens brechen wir die Zelte ab und beginnen den Abstieg. Nach unten geht es wesentlich schneller. Die Pfade sind vertraut. Das Abenteuer, den Gipfel zur höchsten Erhebung der Karibik, zu ihrem Dach, hochzusteigen, liegt hinter uns. Diese Besteigung wird in uns allen nachwirken und sich wie ein seidiger Glanz in Seele und Gehirn lebenslang sedimentieren.

Dennoch meldet sich unsere biologische Existenz als Fress- und Verdauungsmaschine und fordert energisch den Rückzug in kulinarisch reichere Gefilde, die eher in den unteren Zonen liegen. Und auch unsere Mulis wissen, dass die Gräser unten üppiger gedeihen als hier im kargen Felsengebirge und scheinen vitaler als bei dem mühsamen Aufstieg mit dem schweren Proviant.

Pico Duarte

Verdammt der Tag, wo der Entschluss Dir kam,
die Geisterwelt der Bergregionen zu erobern,
wo Regentropfen unablässig Deine Seele mürben
und knöcheltief der Schlamm den engen Pfad in einen Sumpf verwandelt.
Wo Schweiß vermischt sich mit der Regenflut,
die unablässig Deine Haut - zerstochen und zerkratzt - tyrannisiert.

Und beim Gewittergroll, der schauerlich sich in den Hängen bricht,
Du wie ein Antilopenkind erschauerst
und Dich im Heer mannshoher Adlerfarne niederkauerst.

Dann brechen Strahlen durch die Nebelwelt von Grau,
und mehr und mehr kommt eine Strahlenwand von Sonnenlicht und Vogelsang.
Da fasst die Seele neuen Mut, und vorwärts geht der Schritt mit frischer Kraft.
Mit pochend Herz eilt es bergan;
im Auge liegt ein Glanz, den nur der Forscher kennt.
Und jauchzend grüßt die Seele diesen Tag.

Gegen Abend erreichen wir unser Fahrzeug. Bald sollen wir mit üppigem Proviant versorgt werden und freuen uns auf das Kommende. Aber im Haus erreicht uns eine unschöne Botschaft, die über einen Boten vom Büro des Deutschen Entwicklungsdienstes übermittelt wird: die Wohnung von unserem Freund und Kollegen Peter, ein schmuckes Holzhaus, ist während unserer Exkursion bis auf die Grundpfähle abgebrannt. Natürlich schlägt die Nachricht wie eine Bombe ein und hinterlässt ein hilfloses Gefühl von Betroffenheit und Anteilnahme. Peter will natürlich nicht alleine zu seiner früheren Behausung fahren, und so begleiten wir ihn am anderen Morgen zu dritt dahin. Was wir sehen, ist ein abgebranntes Holzhaus mit einem explodierten Gastank. Und düstere Konturen eines ehemaligen Kühlschranks, in dessen Innern überstark angebratene Hähnchen liegen. Wir lachen.

Später kommen die dominikanischen Hausbesitzer. Natürlich sind alle schockiert. Sie erzählen, dass man die Putzfrau festgenommen und in Polizeigewahrsam überführt hätte. Eigentlich logisch. Putzfrauen bügeln, lassen das Bügeleisen in der Steckdose und setzen somit ganze Häuser in Brand. Ein Vorgang, der zu den üblichen Abwicklungen uniformträchtiger Amtsabläufen mit opportunistischen Hintergründen gehört. Peter reagiert gelassen und bezahlt die Kaution zur Freilassung in geschätztem Gegenwert von drei bis vier stolzen Kästen „Presidente", einer dominikanischen Biermarke. Später setzen wir uns in den Park. Die im nahen Colmado erworbenen Rumflaschen sollen therapeutisch den Schmerz über das Geschehene lindern.

Wir verbringen die laue, von Alkohol reichlich geschwängerte Nacht im nahen Park. Das gelegentliche Aufflammen von Lachen ist ausschließlich den verschmorten Hähnchen geschuldet, die in uns einen ungewohnten Eindruck hinterlassen, der aber ein Bollwerk bildet gegen eine Flut aufkommender, immer wieder neu aufflammender Erinnerungen, deren materielle Substanz in der Feuersbrunst unwiederbringlich zerstört wurde: Briefe, Fotos, Geschenke von Freunden, Gegenstände aus Zeiten früherer Begegnungen... Ernesto und ich wollen als einfühlsame Adjutanten fungieren, die als Schmerzbegleiter ihrem Freund väterlich zur Seite stehen, wenigstens diese erste Nacht.

Die Reise von San Juan über Las Matas de Farfan nach Elias Pinas

Die Busfahrt mit Siggi, einem Kollegen des Deutschen Entwicklungsdienstes und nicht selten nörgelnden, vollbärtigen Bajuwaren, geht durch ein weites, fruchtbares Tal, das örtlich großflächig von Reisfeldern geprägt wird: Valle de San Juan. Von San Juan aus geht es nach Westen in Richtung haitianischer Grenze. Wer hier einem der zahlreichen Reisbauern jemals in ihrer mühsamen Arbeit zugeschaut hat, ist fasziniert davon, in welcher Geschwindigkeit die einzelnen Reisgräser in den leicht überschwemmten Ackerboden eingepflanzt werden. Das Hochtal von San Juan gehört zu den fruchtbarsten Zonen des Landes. Ackerbau und Viehzucht ist hier durch kanalisiertes Wasser und ausgeglichenen klimatischen Verhältnissen möglich. In der Ferne wird das Tal begrenzt von zwei großen Gebirgsketten: Im Norden ist es die Cordillera Central mit der höchsten Erhebung der karibischen Inselwelt, dem Pico Duarte.

Dort wächst eine Kiefer (Pinus occidentalis) in großen, zusammenhängenden Beständen. Warum diese, übrigens in der fernen Sierra Baoruco sowie auch auf der östlich gelegenen Nachbarinsel Puerto Rico auftretenden Nadelbaumart, deren Familienvertreter gewöhnlich in klimatisch kälteren Zonen vorkommt, ist nicht geklärt. Im Süden wird das Tal durch die Sierra de Neiba begrenzt, zu deren Füßen der Salzsee namens Lago Enriquillio liegt. Beide Gebirgszonen verwöhnen das Tal mit frischem Wasser.

Bald erreichen wir Pedro Corto, ein Dorf, dessen Bauern von der Subsistenzlandwirtschaft gut leben können. Kanäle zur Wasserversorgung erlauben auch hier eine bescheidene Viehwirtschaft, wo Milch und Käse den Speisezettel erweitern. Die Käsegewinnung wird durch Lab aus den Kuhmägen ermöglicht. Damit erreicht man eine Trennung zwischen Molke und den fettigen Milchbestandteilen, die nach einem Trocknungsprozess auch am Straßenrand verkauft wird. Das Produkt wird lokal unterschiedlich mit Salz und Kräutern gewürzt und hat die Konsistenz eines weichen Weißkäses. Am Dorfrand wohnt Americo, mein späterer dominikanischer Schwiegervater mit einer seiner Frauen und den Zwillingstöchtern. Er besitzt Ländereien mit Bananen- und Süßkartoffelplantagen, die generationsweise von haitianischen Landarbeitern unterhalten werden. Saat, Pflanzung und Ernte ordnet er den Mondphasen unter. Im nächtlichen Domino-Turnier ist er unschlagbar.

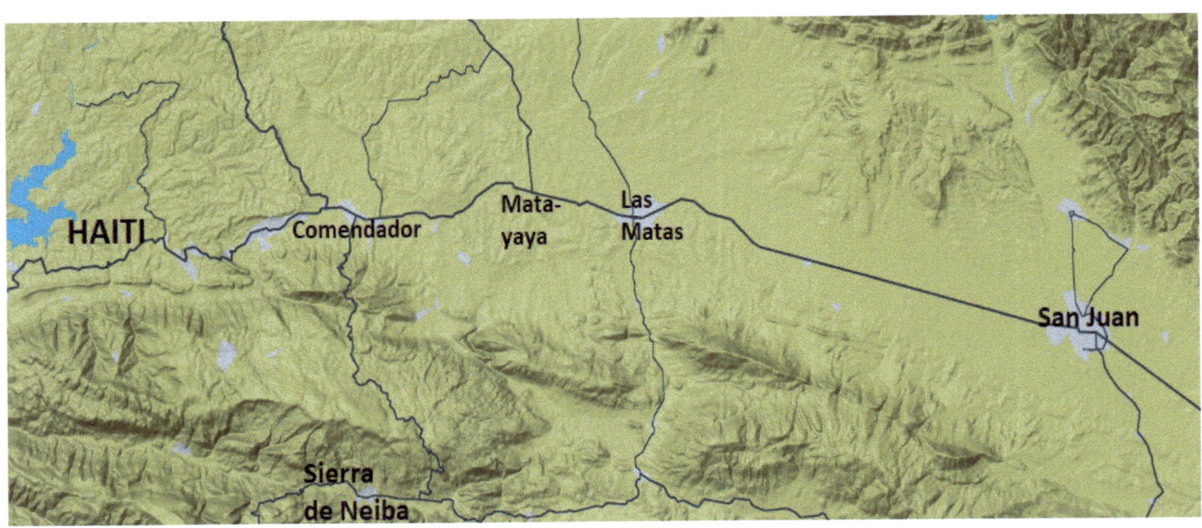

Die handelswichtige Ost-West-Verbindung zwischen San Juan und dem haitianischen Grenzbereich Comendador führt über Las Matas de Farfan und Matayaya. Sie wurde in der Talzone zwischen der Zentral-Kordillere im Norden und dem Gebirgszug der Sierra de Neiba im Süden gebaut

Dann erreichen wir das Städtchen Las Matas de Farfan. Der Name stammt von einem Siedler in der Gründerzeit, der einst auffallend viele Bäume gepflanzt hat: Las Matas. Den Mittelpunkt bildet eine großzügig errichtete katholische Kirche und ein benachbarter, mit alten Bäumen überstellter Park, allgemeiner Stolz zahlreicher Siedlungen im Lande. Ganz in der Nähe kann man zweimal pro Woche buntes Marktgeschehen bewundern, wo die Feldfrüchte der Region angeboten werden. Neben den offenen Lagerhäusern sind es viele Bauersfrauen aus umliegenden Dörfern oder Behausungen, die sich hier niederlassen, um den Überschuss ihrer Subsistenz in Bares zu verwandeln. Der Besucher wird es hier in der Mittagshitze, wo nur Ziegen und Schweine unterwegs sind, nicht aushalten und sich in den Schatten eines der zahlreichen Colmados zurückziehen, um dort das Gespräch mit Campesinos zu suchen.

Auch ich befinde mich des öfteren hier, weil der greise Besitzer, Don Camillo, mir stets einen tiefen Ohrensessel zur Verfügung stellt, wo ich mich hineinlümmeln und bei einer kühlen Flasche der Marke Presidente genüsslich meine Notizen machen kann. Don Camillos Vorfahren stammen aus Italien und haben sich offensichtlich nicht mit der an Schokolade aller

Couleurs erinnernden dominikanischen Bevölkerung vermischt. Er besitzt die Kunst des Kopfrechnens und ist nicht auf die Fortschritte elektronischer Rechenmaschinen angewiesen. Das teure Bier trinken Campesinos nur selten. Sie bevorzugen Rum und den hochprozentigen Clairin, der aus Haiti stammt.

In ländlichen Zonen wie hier kann man die Vorzüge der Kenntnisse der einheimischen Sprache mit ihren regional unterschiedlichen Klangvariationen genießen. So, wie ein Botaniker immer tiefer in die vielfältigen Einfallstore der tropischen Pflanzenwelt hineinstürzt, so können Seelenbilder des Erzählenden profunde Eindrücke beim Zuhörenden hinterlassen, die ein Tourist in seiner Hotelwelt niemals fassen und erfassen kann.

Es ist ein Samstagabend. Der urbayrische Siggi hat mich in das Dorfhaus seiner Freundin eingeladen. Das geräumige Zimmer, die „Sala", ist mit zahlreichen Sitzgelegenheiten bestückt. Und mit einem Tisch mit Heiligenfiguren. Daneben stehen drei meterhohe Trommeln, die von einem jungen, oberkörpernackten Haitianer gerührt werden. Eine nicht schlanke Endvierzigerin, meine spätere Schwiegermutter, tanzt mit einem Glöckchen zu den Klängen der Trommeln, deren sich immer wiederholender Rhythmus den staunenden Gast in einen tranceähnlichen Zustand versetzt. Geweihtes Wasser wird verspritzt, man verbrüdert und verschwestert sich. Das Glöckchen wird leiser, weil es mit der entrückten Tänzerin durch eine Tür entschwindet. Sie umkreist klingend das Haus, die heiligen Schutzmächte in wilden Tanzgesten animierend. Ein Hauch von haitianischem Voodoo-Kult liegt in der nächtlichen, schwülen und von Rum geschwängerten Luft. Zahnlose, reife Frauen erheben ihre Stimmen...

Kerzenlichter brennen und erleuchten die Heiligenfiguren.
Gesänge liegen schwer im Raum;
bisweilen sie draußen schwatzen und lachen und sich scharen um die Domino-Tische.
Dann ertönen die Trommeln im Rhythmus flinker Hände.
Und dann kommen sie und formen sich:
die Frauen tanzen im Schein der flackernden Kerzen.
Und immer wieder fordert die alte Weiberstimme den Refrain.

Man singt in eigenwilligen Melodien, geboren aus den Savannenwelten von Afrika.
Der Mond steht voll und lacht
und Kerzenlichter brennen und erleuchten die Heiligenfiguren.
Dann ertönen die Trommeln im Rhythmus flinker Hände.
Und dann kommen sie und formen sich:
die Frauen tanzen im Schein der flackernden Kerzen.
Und immer wieder fordert die alte Weiberstimme den Refrain.

Sie trinken die wasserhelle Flüssigkeit aus dem Kessel des Brennmeisters aus Haiti.
Der Mond steht voll und lacht.
Und die kreisenden Clairin-Flaschen, sie leeren sich mehr und mehr zum Grund.
Dann ertönen die Trommeln, und Kerzenlichter brennen
und erleuchten die Heiligenfiguren.
Die Frauen tanzen. Der Mond steht voll und lacht.
Und immer wieder fordert die alte Weiberstimme den Refrain.

So geschehen in der Nacht mit den zwei Monden, um den 15. Februar 1987.

Von Las Matas aus geht der Kleinbus in Richtung haitianischer Grenze. In Elias Pinias gibt es einen größeren Marktflecken, der von den haitianischen Marktfrauen beherrscht wird. Gebrauchte Kleider aus Industrieländern liegen als willkommener Abfall in großen Ballen. Daneben landwirtschaftliche Produkte aus der Umgebung. Freunde eines guten, alten Rums der Marke „Barbancourt" oder eines soliden Sombreros werden hier nicht enttäuscht werden. Der hier selten anzutreffende Tourist wird das „Haitianische" in dieser Gegend nicht an der Hautfarbe erkennen können. Eher an Worten mit dem „R", welche der Haitianer mit dem „L" artikuliert. In Trujillios Zeiten konnte das Wort „Perejil", also Petersilie, als „Pelejil" ausgesprochen, problematisch werden. Aktuell ist Rassismus hier nicht zu erkennen, eher in den grenzfernen Städten und in den Elfenbeintürmen opportunistischer Politiker. Die überwiegend einfachen Landmenschen profitieren gegenseitig voneinander, wie überall auf der Welt.

Dazwischen liegt Matayaya. Ein winziger Dorfflecken mit einem Kanal, der nicht immer wasserführend ist. In seinen Vertiefungen überlebt der Tilapia, ein maulbrütender Barsch, der von der FAO vor Jahrzehnten, als man noch die Ökologie als Fremdwort betrachtete, landesweit eingesetzt wurde.

Für den Botaniker ist das Gebiet deshalb von Interesse, weil es hier noch ausgedehnte Gebüsch-Stadien arider Prägung gibt, die zahlreiche Epiphyten, vor allem Bromelien-Gewächse, aufweisen. Örtlich kann man auch kleinwüchsige Orchideen der Gattung Oncidium bewundern. Kommt man während der Blütezeit, so wird man von hunderten weißer Blüten verwöhnt werden, die von den meist dornenbewehrten Sträuchern herunter grüßen. Eine hochabundant vorkommende Bromelie ist Tillandsia recurvata. Dieses graufarbene Pflänzlein ist gut an seinem nestartigen Wuchs zu erkennen. Örtlich besiedelt es auch Telefondrähte.

In Matayaya biegt eine geräumige Sandpiste nach Norden in Richtung Dajabon ab. Bald erkennt man militärische Posten beiderseits der Straße, die gleichzeitig die Grenzmarkierung zwischen Haiti und der dominikanischen Republik darstellt. Die Menschen sind so arm wie das Umland. Der Holzfäller, der unbarmherzig die Machete schwang und seine Freundin, die Ziege, haben diese Gegend sichtbar verwüstet. Nun präsentiert die Natur ihre Rechnung. Die Böden, ihrer wachstumsspendenden Materie beraubt, präsentieren sich wie magenkranke Patienten. Sie nehmen die aus dunklen Wolken dargereichte Medizin nicht mehr auf und lassen sie oberflächig abfließen. Kaktusgewächse dominieren die spärliche Gehölzvegetation. Wir passieren tief eingefurchte, periodisch nur kurzzeitig wasserführende Erosionsschluchten und nackte Felsen. Dazwischen hungrig nach schüchternem Grün ausspähende Ziegen.

Die Pflanzenwelt der Cuenca Rio Ocoa

Wir vom Departamento Vida Silvestre sind wieder einmal auf Erkundungsfahrt. Mit zwei Jeeps und Proviant für mehrere Tage geht es, von Santo Domingo aus, über die Küstenstraße nach Westen. Bald erkennen wir die von zunehmend degradierten Trockenwäldern bedeckten Hügelzonen von Bani, die quadratkilometerweit den Südwesten prägen.

Vor uns fährt einer der kleinen Reisebusse, wie sie in den zahlreichen Verkehrsachsen des Landes emsig zirkulieren. An bestimmten Punkten - den „Paradas" - hält der Chauffeur, und der Reisende steigt gewöhnlich aus, weil hier Toiletten, Ess- und Trinkbares in Flaschen und Behältern aus aufgeschäumtem Plastik angeboten werden.

Die Fahrt geht weiter, und es dauert nicht lange, und der Abfall landet, hinausgeschmissen aus den Fenstern des fahrenden Busses, am Straßenrand. Streunende Hunde und Rabenvögel haben sich seit Jahren auf dieses seltsame menschliche Gebaren eingestellt und patrouillieren wie zwei- und vierbeinige Ordnungskräfte unermüdlich entlang der Pisten. Gegen Ende der 1980-er Jahre wird dieser Unsinn endlich verboten. Die Geldeintreiber der Busse sammeln die Abfälle in Plastiksäcken und verwahren diese bis zur Endstation. Schließen wir die Augen vor dem, was dann passiert...

Zwischen Bani und Azua führt eine Teerstraße nach Norden in Richtung der Stadt San José de Ocoa und danach weiter nach Constanza und Jarabacoa. Bis Ocoa wird die Straße von einem unterhalb liegenden, breiten Tal mit dem Fluss, dem Rio Ocoa, begleitet. Zum Zeitpunkt unserer Visite im Jahr 1985 ist der Flusskörper fast ausgetrocknet. Dennoch fühlt man die unbändige Kraft des periodisch fast schlafenden Gewässers, erkennt man doch die örtlich starke Mäanderbildung und die Macht, sich kerbtalartig durch das gewaltige Bergmassiv durchzukämpfen.

Ja, wenn man diese Talzone während der Trockenzeit bewandert, besteht der Fluss aus zahlreichen Rinnsalen, die von dazwischen ruhenden Sand- und Kiesbänken begrenzt werden. Daneben liegen vom Fließwasser abgeschnittene Zonen mit zahlreichen Pfützen, in denen sich Kaulquappen tummeln. Und Krebsen, die von Kindern mit kleinen Netzen gefangen werden. An ihren Rändern sammeln sich Schwärme von Schmetterlingen. Dann sind auch die meisten Zuflüsse, die „Arroyos", die aus den anliegenden Hügelzonen in den Rio Ocoa einmünden, trocken gefallen. Das Umfeld ist vorwiegend vegetationslos. Ein häufiger Spontanbesiedler ist Calotropis procera (Asclepediaceae). Dieser verholzende Pionier wächst auf extrem marginalen Standorten und ist in trockenen Zonen häufig auch am Straßenrand zu sehen. Ein giftiger Strauch mit derben, großen, graufilzigen Blättern. Die dem Herzbeutel ähnliche Frucht fühlt sich weich an und enthält seidenartige Fäden. Dazu gesellt sich Argemone mexicana, ein Mohngewächs. Es ist krautig, einjährig und hat große, gelbe Blüten.

Aber gerade Bergbäche sind gefährliche Verwandlungskünstler. Sie können in Trockenzeiten Monate lang in Schlafperioden verfallen. Jedoch: regnet es, erwachen sie; schwellen an und verwandeln sich in reißende Bestien. Vor allem dann, wenn sie im engen Korsett von „Cuencas", das sind kerbtalartige, von Fließwasser geformte Einschnitte, verlaufen.

Wir befinden uns im kiesigen Bett eines Zuflusses, um seine Randvegetation zu erforschen. Ein Schotterfeld mit örtlich riesigen Felsblöcken zeugt von der urgewaltigen Erosionskraft der periodisch anfallenden Wassermassen. Regenwolken kommen auf und überziehen den Himmel mit einer drohend-dunklen Masse. Nichts Ungewöhnliches. Auch während der Trockenzeit kann mal ein Zwischentief auftauchen und sich örtlich niederschlagen. Schwere Tropfen fallen, zunächst von Ferne vernehmbar, dann stetig näher kommend. Blitze durchzucken den grauschwarzen Himmel. Dann prasselt es los.

Das Kerbtal des Rio Ocoa, dessen weite Mündung sich in die Bucht von Ocoa ergießt

Wir flüchten uns unter einen großen, überhängenden Felsblock. Ziegen und Kühe statten uns einen spontanen Besuch ab. Es regnet inzwischen aus tausend Gießkannen. Bald ist der Unterstand durchnässt, und der Bach schwillt zusehends an. Der Donner bricht sich drohend in den Bergwänden und wirft als Echo den Schall mehrfach zurück. Sturzbachartig kommt nunmehr das Wasser an, nähert sich gefährlich unserem Unterstand. Hohe Zeit, diesen zu verlassen. Und mit uns ziehen auch unsere tierischen Begleiter in höhere Bereiche.

Die ursprünglich artenreiche Gehölzflora der Randzonen ist bereits der Machete des Köhlers zum Opfer gefallen. Als überwiegend laubabwerfende, dornige Sekundärvegetation zeigen sich Vertreter der Mimosengewächse, vor allem Prosopis juliflora und Acacia macracantha. Letztere Art mit ihren harten Dornen wird hier volkstümlich als „Goma-rompa", als Künstlerin des Zerstechens von Autoreifen, benannt.

Um einen einigermaßen objektiven Blick über die Tal-Landschaft des Rio Ocoa zu bekommen, sollte man die umgebende Hügelzone erobern. Wir erklimmen also mehrere jener kegelförmigen Berge, die kulissenartig das Tal ummanteln. Eine örtlich dichte Strauchvegetation zeigt ihre hellen Blüten: Ziziphus rignonii, ein Vertreter der Rhamnaceae. Die in Trockenwäldern nicht seltene Art wächst hier immergrün und strauchartig. Daneben überrascht Plumeria spec. mit ihren weißfarbenen, duftenden Blüten, auch in den südexponierten Neiba-Bergen am Lago Enriquillo vorkommend. Auffallend häufig erscheint hier ein rot blühendes Orchideen-Gewächs: Brougthonia domingensis. Eine endemische Art mit fast meterlangen Blütenstielen, die epiphytisch nicht nur auf Gehölzen, sondern auch auf großen, säulenförmigen Cereus-Arten in überraschend hoher Abundanz vorkommt.

Im Laufe der nächsten zwei Tage setzen wir unsere Forschungsarbeiten fort. Trotz des starken Einflusses des Menschen füllt sich die Liste seltener Pflanzenarten. Dazu gehört auch eine Agavenart, die in anderen Gegenden nicht anzutreffen ist: Agave fourcroydes. Der Vegetationspunkt ihrer fast zwei Meter hohen, seitlich gezähnten Blätter entlässt zum Zeitpunkt der Untersuchungen keinen Blütenansatz, im Gegensatz zu Agave antillana, deren Blütenstängel vier Meter hoch werden kann und den Nektar seiner gelben Blüten den zahlreich hier schwirrenden Kolibris schenkt. Ins Auge fällt auch ein epiphytisch lebender pflanzlicher Parasit, der gelegentlich Bäume und Sträucher mit einem fadenartigen, gelben Geflecht überzieht: Cuscuta americana (Cuscutaceae).

Uns ist bewusst, dass Vegetationsaufnahmen während der Trockenzeit nur Momentaufnahmen sein können. Sie widerspiegeln die Anpassungsfähigkeit der einzelnen pflanzlichen Vertreter. So sind viele Kräuter nur kurzlebig und überdauern die harte Trockenzeit in Samenform. Büsche tragen Dornen und werfen als Verdunstungsschutz ihr Laub ab oder haben ledrige, für Laubfresser ungenießbare Blätter. Bromeliengewächse haben nicht selten trichterartige Formen mit fleischig-sukkulentem Blattgrund, mitunter auch netz- und fadenartige Gebilde, womit der Tau aufgefangen werden kann.

Und auch die Fauna hat sich nicht ganz zurückgezogen. Vor allem der Vogelwelt scheint diese trockene Epoche nichts auszumachen. Unser Frühaufsteher Thomas, der für die vogelkundlichen Belange zuständig ist, schreibt imponierende Listen und schwärmt von besonders seltenen Arten, die er hier entdecken kann. Eidechsen mit tiefblauen Schweifen huschen zwischen den Steinen. Eine Vielzahl von emsig summenden Insekten erfüllt die Luft, umschwärmt die örtlich wenigen Blütenpflanzen. Großschmetterlinge gaukeln und zaubern irre Farbflecke in den blauen Himmel. Wanderer, komme wieder, dann, wenn die Regenzeit der Vegetation neue Kleider anlegt; wenn die Hänge mit frischem Grün überzogen sind, in denen tausend Farbtupfer tanzen!

In den Höhenzonen der Sierra befinden sich zahlreiche Fincas von urigen, vollbärtigen Schweizern, die sich nur sehr selten in eine Stadt verirren. Was sie neben den landesüblichen Kulturpflanzen anbauen, ist erwähnenswert: Da oben, wo nicht selten auch Väterchen Frost vorbeikommt, wachsen stolze mitteleuropäische Fruchtbäume wie Äpfel und Kirschen, Pflaumen und Mirabellen.

Nur wenige Kilometer nördlich der von Bergen umgebenen Stadt San José de Ocoa verbrachte ich zu Beginn meines Aufenthaltes im Land eine Woche in einer Bauernfamilie. Bei Rafael und Juana, deren Mädchenname früher Juanita war. Dies war beim Deutschen Entwicklungsdienst so üblich, um einen Einblick in das ländliche Dasein zu bekommen. Ein karges Leben, wo der Taktschlag von mühsamer Arbeit von der Morgendämmerung und dem Krähen der Hähne bestimmt wird und erst endet, wenn die Nacht kommt. Damals waren die breiteren Straßen nicht mit einer Asphaltdecke überzogen. Waren es staubige Pisten während der Trockenzeit, so verwandelten sie sich in schlammige, für Motorfahrzeuge nicht selten unpassierbare Zonen in Zeiten stärkerer Regenfälle. In dieser Zeit war die Ernte der Strauch-Erbse, die hier „Guandul" genannt und neben der Bohne zum Reis gereicht wird. Bei betuchteren einheimischen Bauern, die es hier nur selten gibt, fällt auch mal ein Stück Hühnerfleisch an. Da hatte es mein Kollege Johannes in der von mir nicht weit davon entfernten Familie gut. Ihr Oberhaupt besaß eine stolze Anzahl von Kampfhähnen, die auch in den Nachtstunden sich lautstark bemerkbar machten. Verloren sie, gab es Hahn mit Reis, Guandul und Soße. Und sie verloren oft.

Jimenoa

Der lange Weg zu diesem verlassenen Ort führt zunächst, von San José de Ocoa aus, über Constanza. Diese in der Karibik mit 1200 Meter über NN höchstgelegene Stadt liegt in einem landwirtschaftlich intensiv genutzten Tal, umgeben von über 2000 Meter hohen Bergen der Zentralkordillere. Blumen, europäische Obst- und Gemüsesorten wie Äpfel, Kartoffeln, Knoblauch und vieles mehr ist ein deutliches Zeugnis dafür, dass auch in montanen, tropischen Zonen der Anbau einer gewaltigen Palette landwirtschaftlicher Produkte möglich ist. Natürlich örtlich unter Verzicht anderer, in unteren und wärmeren Bereichen vorkommender Arten. So wird der Mango, der in Meeresnähe als üppiger Baum seine zentnerschwere Last von süßen Früchten stolz präsentiert, da oben nur als schüchternes Bäumchen erscheinen.

Aber bereits in den 1990-er Jahren gab es alarmierende Meldungen über einen drastischen Rückgang der Erträge. Die Übernutzung der einst fruchtbaren Böden, aber auch der Einsatz mineralischer Dünger und mit Schwermetallen versehene Pestizide belasten das Biom der Böden. Schwermetalle stören den pflanzlichen Stoffwechsel, verursachen Stressreaktionen und führen zu einem deutlichen Rückgang der natürlichen Bodenfruchtbarkeit.

Nach Constanza ist die unbefestigte Piste nach Jimenoa nicht ganz ungefährlich. Erosionen im Bereich der in das Gebirge gebauten Straße führen immer wieder zu Hindernissen, die man örtlich mühsam aus dem Wege räumen muss, und die man ohne Allrad nicht bewältigen kann.

In Jimenoa gab es damals - 1988 - eine Außenstelle des Landwirtschaftsministeriums mit Wohn- und Kochmöglichkeiten, großzügigen Seminar- und Übernachtungsräumen sowie einen großräumigen Außenbereich mit landwirtschaftlichen Versuchsflächen. Ein El Dorado für einen Entwicklungshelfer wie mich, der Ideen hinsichtlich ökologisch orientierter Kreislauf-Landwirtschaft aus seinen Erfahrungen aus dem afrikanischen Hügelland Ruanda mitbrachte und diese als Modell für bergige Zonen hier übertragen wollte. Zusammen mit Kollege Leon, meinem aufgeschlossenen Counterpart.

Es gibt im Leben Ereignisse, wo man sich als ein auch noch in zunehmenden Altersringen befindender Galan berufen fühlt, eine Revolution im Bereich landwirtschaftlicher Entwicklung in gebirgigen Zonen anzuzetteln und zu entwickeln. Und wir hatten damals, bezahlt vom Deutschen Entwicklungsdienst, genau dreihundertsechsundsechzig Tage Zeit, unsere Ideen in die Wirklichkeit umzusetzen.

Jimenoa liegt südöstlich von Jarabacoa. Ganz in der Nähe: Ebano Verde, ein Juwel unter den schutzwürdigen Waldgebieten

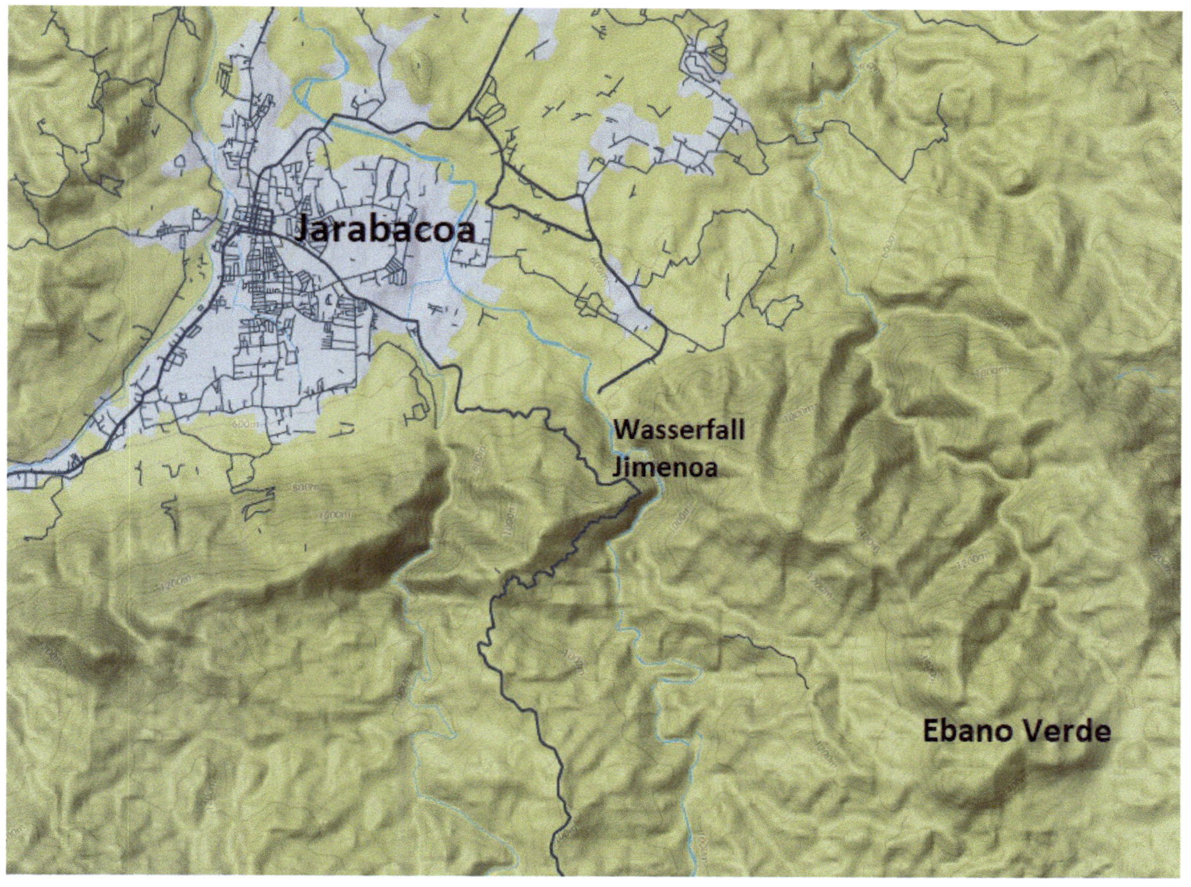

Wir fingen im Rahmen erosionshemmender Maßnahmen an, kleine Terrassen parallel der Höhenlinien und der natürlich vorkommenden Geländeverläufe mit Pickel, Harke und Spaten zu initiieren. Dabei stießen wir bereits schon früh auf ernüchternde Erkenntnisse: es gab diese für den mitteleuropäischen Kleingärtner gängige Bodenbearbeitungsgeräte gar nicht. Man musste sich provisorisch behelfen, was jedoch nach anfänglichen Schwierigkeiten durchaus zu bewerkstelligen war. Die meisten Tätigen im Schmiede-, Schweiß- oder Mechaniker-Handwerk sind wahre Künstler des schöpferischen Provisionierens. Sie füllten zumindest für uns die Lücke zwischen industrieller Landwirtschaft mit ihren modernen Maschinen wie Traktoren oder Sprühflugzeugen einerseits und der Machete als eines der vielfältigsten Handwerkzeuge andererseits, deren Einsatzmöglichkeiten von Drohgebärde über Fleischerberuf, Holzfäller, Gras- und Gebüschsense bis zum Pflanzen von Maiskörnern gereicht.

Wir arbeiteten, getragen von der Idee kühner Weltenverbesserer, an einem Modell kleinbäuerlich landwirtschaftlicher, ökologisch ausgerichteter Kreislaufwirtschaft. Wir veranstalteten Seminare in Verbindung mit praktischen Anwendungen. Wir legten parallel zu den Höhenlinien kleine Fanggräben an, um durch Starkregen verursachte Erosionen kontrollieren zu können. Diese Gräben wurden oberhalb mit Dauerkulturen wie Futtergräsern bepflanzt. Als Beitrag für die integrierte Viehhaltung. Wir pflanzten laubabwerfende, tiefwurzelnde Schatten- und Fruchtbäume. Wir nutzten einen Frischwasser führenden Graben zur Anlage einer Aqua-Kultur, wo sich Tilapias und Welse vermehrten. Den organisch angereicherten Überlauf leiteten wir in eine ausnivellierte Sumpfzone, wo wir Kolochasie und

Wasserspinat pflanzten. Wir luden Kleinbauern ein, um sie von den Vorteilen einer ökologisch orientierten Landnutzung leidenschaftlich zu begeistern, stellten unsere Visionen im Landwirtschaftsministerium vor..

Wir ernteten Bewunderung und Beifall. Reporter kamen und berichteten in verschiedenen Zeitungen. Wir fühlten uns wie Honoratioren nach einer gewichtigen Präsentation, die allgemein mit viel Beifall aufgenommen wurde.

Aber gegen die seit Generationen gewachsenen Gewohnheiten, einer kleinbäuerlich geprägten Bergregion etwas ohne materielle Anreize entgegenzusetzen, ist schwierig und in der kurzen Zeitspanne nicht realisierbar. Nun, legen wir den graufarbenen Mantel des Schweigens über jenen Widerhall, den wir als gewaltigen Donner als Folge unserer geistigen Blitze erwarteten, und wo, vor unserem geistigen Auge, ganze, einst karge Bergregionen sich in blühende und fruchtstrotzende Landschaften verwandelten.

Dennoch bleibt der einjährige Aufenthalt in dieser abgeschiedenen Bergregion in den positiven Erinnerungsregionen des Bewusstseins. In der Lagune eines nahe gelegenen Wasserfalles, dessen elektrische Energie für den Nachbarort Jarabacoa genutzt wurde, konnte man sich den Schweiß nach getaner Arbeit abwaschen. Als urnatürlicher Ersatz für eine Dusche, die es in unserer kargen nächtlichen Lagerstätte nicht gab. Aber wir verfügten über ein robustes, geländegängiges Fahrzeug, das uns erlaubte, die nähere Umgebung zu erforschen. Dabei entdeckten wir in der Kontaktzone zu örtlich hier anstehenden Kiefernwäldern eine zwischen 800 und 1600 Metern hoch gelegene Laubwaldzone. Ein Übergangsbereich zwischen Bergregenwald und Nebelwald. Das Gebiet umfasst etwa 20 Quadratkilometer und ist nach einer hier endemisch vorkommenden Baumart benannt, die im Volksmund als „Ebano Verde" bekannt ist. Es handelt sich um Magnolia pallescens aus der Familie der Magnoliaceae, die hier zwanzig Meter Höhe und einen Stamm-Durchmesser von zwei Metern erreichen kann. Im Areal kommt auch Magnolia grandiflora vor. Dieses ebenfalls baumartige Gewächs wird gelegentlich auch in deutschen Baumschulen als Ziergehölz für größere Gärten angeboten.

Ausgedehnte, herdenartige Farnbestände überwuchern abgeholzte oder vom letzten Wirbelsturm heimgesuchte Bereiche und hindern durch ihre Beschattung die schlafende, im humosen Waldboden harrende Samenbank am Keimen. Nun, sie haben Zeit, viele Jahre lang. Neben den flächig ausgebildeten Farnen fällt auch ein Hochgras in das aufgeschlossene Blickfeld des Besuchers, das sich wie ein rankender Bambus zeigt: Arthrostylidium sarmentosum. Das Hochgras, auch in den Höhenzonen der fernen Baoruco-Berge entdeckt, überzieht örtlich zehn Meter hohe Gebüsche. Erwähnenswert ist die Manacla-Palme: Prestoea montana. Diese in Bergregenwäldern vorkommende Art hat die fiederartigen Palmwedel der Kokospalme und wird etwa 15 Meter hoch.

Dieses verhältnismäßig kleinflächige Naturwaldgebiet ist deshalb so interessant, weil es - umgeben von bäuerlichen Kulturen und Kiefernwäldern mit nur geringer Artendiversität - eine Nische erobert hat, wo Wuchsfreude und Artenvielfalt sich signifikant von der Umgebung unterscheiden. Die Erklärung findet sich in der Geländetopografie: diese Zone ist nahezu unzugänglich und für eine ökonomisch orientierte Nutzung wertlos. Umso mehr für die Belange des Naturschutzes geeignet. Und Schimmer der Hoffnung für biologische Potenziale, die späteren Generationen zugute kommen können.

Aber so läuft es nun einmal. Da, wo die zügig wachsende Bevölkerung ihre Ansprüche an die natürlichen Ressourcen anmeldet, bleiben Themen, die wichtig wären für eine nachhaltige und stabile Überlebensstrategie des Menschen, auf der Strecke. Und der Umstand, dass heute noch gewaltige terrestrische Naturzonen wie Savannen, Regenwälder, arktische oder alpine Bereiche weitgehend menschenleer sind, ist eigentlich einfach zu erklären: Kälte, Unzugänglichkeit und Wassermangel sind die begrenzenden Faktoren. Dazu kommen stechende Insekten und Viren als Naturschützer, die den Menschen davon abhalten, auch noch die letzten Naturlandschaften zu erschließen. Gäbe es diese Faktoren nicht, würde das Erbe an zukünftige Generationen sicherlich viel ärmlicher ausfallen.

Quo vadis, Insel Hispaniola?

Wie ein Rausch, der im Januar des Jahres 1985 begann, gingen die ereignisreichen und von spannungsreicher Arbeit geprägten Jahre vorbei. Der Verfasser, der einst mit tausend Masten ins Meer hineinschiffte, kehrte inzwischen grauköpfig mit leicht angebrochenen Segeln in seinen alten Heimathafen in Kehl am Rhein zurück. Man zieht Bilanz. Und bei so manchem Besuch früherer Stätten sind vielfältige Veränderungen festzustellen. Aber nicht alle Veränderungen sind positiv und haben örtlich irreversible Schäden hinterlassen. Bei uns und auch dort.

Die vorläufig letzte Reise im Sommer 2022 nutzte der Verfasser für einen Rückblick, wo Veränderungen, insbesondere im Bereich der Landwirtschaft und der Entwicklung des Tourismus, festgestellt wurden.

Die Dominikanische Republik hat sich von Zeiten des Rucksack- bzw. Individualtourismus, wie er noch lebhaft bis in die 1980-er Jahre zu spüren war, endgültig verabschiedet. Konnte man damals noch paradiesisch anmutende, nahezu menschenleere Strandlandschaften erobern und sich wie Robinson fühlen, so erschweren heutzutage immer neue Hotelanlagen den Zugang zum Strand. Die Verkommerzialisierung treibt bisweilen seltsame Blüten, die als nur kleines Beispiel nachfolgend beschrieben werden soll:

San Andres mit dem Kamin einer alten, ehemaligen Rum-Destillerie liegt ganz in der Nähe von Boca Chica, einem Naherholungsgebiet der Bevölkerung von Santo Domingo. Mit meiner Freundin Margit nähere ich mich dem Strand, um gemütlich an einem überdachten Stuhl mit Tisch mit Blick auf das blaue Meer Platz zu nehmen. Vorsorglich eröffne ich, dass sich unser Begehren in Getränken erschöpfen würde. Der Camereri willigt ein und kredenzt unser schäumendes Getränk. Und eröffnet, nachdem wir uns eingerichtet haben, dass das Sitzen doch etwas kosten würde, aber, im Falle, dass wir seine Küche mit ihren kulinarischen Angeboten nutzen, die Tisch- und Stuhlgebühr entfallen würde.

Wir schauen uns um. Kein anderer Tisch mit den dazu gehörigen Stühlen ist belegt. Die dargebotene Speisekarte mit Meeresfrüchten, die ihren Höhepunkt in Form gebratener Langusten erreicht, lässt hier fast jeden Gast erröten und fluchtartig den Platz verlassen. Nämlich dann, wenn er den Blick auf die Preise lenkt.

Die Lagune von Boca Chica wurde schon früh als die „größte Badewanne der Welt" vermarktet. Aber es gab früher kaum Boote oder Ähnliches mit Motorantrieb, so dass der Schnorchler ungehindert die Welt unter Wasser genießen konnte. Immerhin konnte man damals vielartige Korallenfische, Krustentiere, Mollusken wie Schnecken und Tintenfische, seltener auch Seeschlangen, entdecken. Vor allem am Ende der Lagune, begrenzt von der abgestorbenen Seite des Riffs mit dem kleinflächigen Mangrovengürtel, war man überrascht von der Vielfalt insbesondere jener Fischarten, die man vom offenen Meer kennt und die hier ihre Kinderstube genießen.

Heute ist es vorbei mit der Artenvielfalt. Der Schnorchler kann sich nur in einem bescheidenen abgegrenzten Areal bewegen, weil Motorboote und Ähnliches geräuschvoll ihre Schleifen ziehen. Die Hinterlassenschaft vieler Badender zieren den Lagunengrund. Hotels sind wie Pilze aus der Ortschaft geschossen.

Überhaupt hat sich die rege Tourismus-Industrie wie eine Spinne über die Küstenlandschaften gelegt. Wie die üppige Versorgung mit Süßwasser auch langfristig gewährleistet werden soll, bleibt ein Rätsel.

Eines der aktuell vom Touristenministerium angegriffenen Ziele ist die Region um Pedernales, gelegen im äußersten Südwesten des Landes. Ein sensibles Gebiet an der haitianischen Grenze. Den Zeilen der Tageszeitung „Nacional" im Juli 2022 ist zu entnehmen, dass die sehr niederschlagsarme Küstenzone in kürze Schlachtfeld von Politikern, Grundstücksspekulanten und Rechtsanwälten werden wird. Und auch der einfache Campesino wird sich zunächst freuen, weil sein bescheidenes Grundstück um ein Vielfaches aufgewertet wird. Nun, Verkauf kann sich der leisten, der viel hat. Der sein einziges Grundstück verkaufende Kleinbauer mit seiner Kinderschar hinterlässt langfristig Armut und Hoffnungslosigkeit.

Verweilen wir noch kurz in dieser Region in der Nähe von Haiti. Wie wir wissen, wurde der haitianische Präsident namens Moise im Juli 2021 erschossen. In einem Land, das zu den ärmsten auf der ganzen Welt gehört. Seitdem regieren Banden, gewissenlose Geschäftsleute und kopflose Militärs ohne Sold. Menschen trauen sich nächtens nicht mehr aus ihren Häusern.

Im Sommer 2022 kommt es zunehmend zu Flüchtlingswellen, welche die haitianischen Grenzgebiete illegal passieren. Verzweifelte Menschen, die nach Arbeit und Essen betteln. Viele von ihnen werden aufgegriffen, auf militärischen Fahrzeugen wieder an die Grenze transportiert und in ihre ungewisse Zukunft entlassen. In deutschen Medien wird dies von den Vorgängen in der Ukraine überspült und kaum einer Zeile gewürdigt. Aber legen wir den Schleier der Ignoranz über diese Ereignisse. Auch der sich in der Hotelblase geschützt fühlende Pauschaltourist wird die Realität außerhalb der Schlagbäume der Hotels ohnehin nicht zur Kenntnis nehmen wollen.

Entfesselter und unkontrollierbarer Bau-Boom sowie fehlende Raumordnungsplanung führen zunehmend zu chaotischen Zuständen, die dem aufmerksamen Wanderer schon seit einigen Jahrzehnten bekannt sind. In öffentlichen Medien wird regelmäßig von systematischen und gravierenden Schäden an Flüssen und Stränden durch Sand- und Kiesentnahmen berichtet.

Wie oft haben wir früher vom Departamento Vida Silvestre schutzwürdige Zonen untersucht, kartiert und uns für einen Schutzstatus eingesetzt? Am Ende war die politische Durchsetzungskraft nicht vorhanden. Das Fehlen einer fortschreibungsfähigen Raumordnungsplanung verhindert eine geordnete Landentwicklung. Was gestern noch mit Verordnungen und Dekreten geschützt wurde, kann heute anderen Interessen zum Opfer fallen. Jeder baut auf seinem Grundstück, wo und wie er will. Es ist vorauszusehen, dass dies langfristig zu Konfliktsituationen führen wird.

Ein weiteres Problem ist die industrielle Landwirtschaft, die vor allem von der amerikanischen Firma „Dole" vorangetrieben wird. Aktuell sind in zahlreichen Landesteilen ausgedehnte, stetig wachsende Ölpalm-Pflanzungen zu sehen, wie sie in vielen tropischen Ländern zu beobachten sind. Ein Vorgang, der für Industrieländer und ihren Wohlstandsgesellschaften willkommen geheißen wird. Und zu deren Sicherung langfristige Verträge abgeschlossen werden. Infolge der Bewässerung exportorientierter Kulturen werden Süßwasser-Lagunen geopfert. Weitere trinkwasserfähige Reserven werden durch Touristenburgen und deren bedrohlichem Wachstum zu einer zur Besorgnis erregenden Belastung der Ressourcen des Landes führen.

Je mehr für Industrieländer gemünzte Kulturen angebaut werden, desto schneller wird jener Kulminationspunkt erreicht werden, wo die landwirtschaftlich relevante Fläche eines Landes sowie Trinkwasser für die Eigenversorgung der Bevölkerung nicht mehr ausreicht. Die Folgen in Form von Flüchtlingsströmen sind abzusehen. Unser Wohlstandsdenken muss auf den Prüfstand.

Hierzu passen die eindringlichen Worte des Verfassers der „Ökologie der Erde" von Professor Heinrich Walter aus dem Jahr 1987: „Reichtum und Besitz sind nur dann positiv zu bewerten, … wenn man sie als ein Guthaben betrachtet, um anderen sinnvoll zu helfen… Es kommt stets auf die Lebensqualität an. Denn sonst gelten die Worte: Unser Wohlstand ist unsere Armut".

Die Haitianerin

Wenn Du ihren Blick erwiderst, weißer Mann, ertrinkst Du im nächtlichen Ozean
ihrer Pupillen, deren Schwärze Deine Seele hinabzieht
in die unerforschbaren Tiefen des Meeresgrundes.
Und nur in ihren Augen erkennst Du den einstigen Stolz
und die Erhabenheit eines Volkes,
dessen Urheimat die unendlichen Savannenlandschaften Afrikas ist.

So, wie ein unzähmbarer schwarzer Leopard die Stäbe des Käfigs
mit einem einzigen Prankenhieb durchbricht
in seinem unstillbaren Hunger nach Freiheit,
erahnst Du erschaudernd ihre wilde Schönheit.
Und, wenn sie Dich umgarnt mit ihrem sinnlichen Mund
und dem geschmeidigen Körper der Anakonda, und Dich entführen würde
in die nächtliche Lagune:
- könntest Du ihr widerstehen?

Ein Wort des Dankes..

für die kritische Durchsicht des Manuskriptes gehen an Cousin Bernd Paulus, professioneller Informatiker und seine Ehefrau Heidrun, begnadete Musikerin. Beide sind Komponisten von Gedichten und Musikwerken.

soll auch dem Altersturner der „Kehler Turnerschaft", Herrn Hans-Jürgen Walter, einst Redakteur der „Kehler Zeitung" für die orthografische Bearbeitung des Textes erreichen.

an meinen Bruder, den Bau-Ingenieur Klaus Groß, der mich mit technischen Gerätschaften für meine Urwaldforschung ausstattete.

geht an meinen lieben Sohn und frisch gebackenen Vater Thomas Groß, der mir bei der Arbeit am PC hochgeduldig und unermüdlich zur Seite stand.

meiner attraktiven Freundin Margit für ihr tiefes Verständnis bei der zeitaufwändigen Erarbeitung des Manuskriptes.

an meine zahlreichen Freude und ehemaligen Wegebegleiter in der Dominikanischen Republik, die den geistigen Hintergrund für dieses Werk schufen.

Kehl, im Mai 2023

Gliederung